PROBABILITÉS

CHEZ LE MÊME ÉDITEUR

Du même auteur :

INITIATION AUX MÉTHODES DE LA STATISTIQUE ET DU CALCUL DES PROBABILITÉS. 1990, 2e édition, 2e tirage, 340 pages.

STATISTIQUE. Résumé de cours, exercices, problèmes. *Collection Comprendre et Appliquer : Mathématiques n°11.* 1990, 4e tirage, 56 pages.

MATHÉMATIQUES, par A. HOCQUENGHEM, P. JAFFARD, R. CHENON. *Collection du Conservatoire National des Arts et Métiers.*
Tome 1. — Éléments de calcul différentiel et intégral. 1992, 5e édition révisée et complétée, 4e tirage, 576 pages.
Tome 2. — Algèbre linéaire. Représentation des fonctions. Analyse vectorielle. Équations fonctionnelles. 1993, 2e édition, 4e tirage, 522 pages

Dans la même collection :

ÉQUATIONS DIFFÉRENTIELLES. Cours, exercices, tests, par Cl. GILORMINI et G. HIRSCH. *Mathématiques n°5.* 1991, 2e édition révisée, 3e tirage, 56 pages.

FONCTIONS NUMÉRIQUES D'UNE VARIABLE RÉELLE. Cours, exercices, tests, par Cl. GILORMINI et G. HIRSCH. *Mathématiques n°15.* 1992, 3e tirage, 128 pages.

INTÉGRALES SIMPLES. Formulaire commenté. 300 exercices et tests avec solutions et réponses, par Gérard HIRSCH et Jocelyne ROUYER, avec la collaboration de Joseph ROUYER. *Mathématiques n°2.* 1988, 2e édition, 2e tirage, 68 pages.

CALCUL MATRICIEL. Cours, exercices, tests, problèmes, par Cl. GILORMINI et G. HIRSCH. *Mathématiques n°12.* 1989, 2e édition révisée, 2e tirage, 112 pages.

Autres ouvrages :

MÉTHODES PRATIQUES DE LA STATISTIQUE, par T. FOUCART, A. BENSABER et R. GARNIER. *Collection Méthode + Programmes.* 1987, 288 pages.

ANALYSE FACTORIELLE. Programmation sur micro-ordinateurs, par T. FOUCART. *Collection Méthode + Programmes.* 1985, 2e édition révisée avec nouveaux programmes, 248 pages.

LA RÉGRESSION. Nouveaux regards sur une ancienne méthode statistique, par R. TOMASSONE, S. AUDRAIN, E. LESQUOY-de TURKHEIM et C. MILLIER. 1992, 2e édition révisée, 192 pages.

HÉTÉROGÉNÉITÉ, ÉCHANTILLONNAGE, HOMOGÉNÉISATION. Ensemble cohérent de théories, par P. GY. *Collection Mesures Physiques.* 1988, 624 pages.

ANALYSE DE DONNÉES QUALITATIVES, par J. HERMAN. *Collection Méthode + Programmes.*
Tome 1.— Traitement d'enquêtes : échantillon, répartitions, associations. 1986, 192 pages.
Tome 2.— Traitement d'enquêtes, modèles multivariés. 1990, 248 pages.

MATHÉMATIQUES APPLIQUÉES À LA GESTION. Décision en avenir incertain, initiation à la recherche opérationnelle, par Ch. GOUJET, Cl. NICOLAS. 1989, 4e édition augmentée et entièrement refondue, 280 pages.

COLLECTION « COMPRENDRE ET APPLIQUER »

MATHÉMATIQUES PRATIQUES ÉLÉMENTAIRES

Coordonnateur : G. Germain

= 9 =

PROBABILITÉS

P. JAFFARD

Professeur au Conservatoire National
des Arts et Métiers

RÉSUMÉ DE COURS - EXERCICES - PROBLÈMES

5e tirage

MASSON

Paris Milan Barcelone Bonn
1993

ISBN : 2-225-**44550**-8

ISSN : 0335-4628

MASSON S.A. 120, bd Saint-Germain, 75280 Paris Cedex 06
MASSON S.p.A. Via Statuto 2/4, 20121 Milano
MASSON S.A. Avenida Principe de Asturias 20, 08012 Barcelona
DÜRR und KESSLER Maarweg, 30, 5342 Rheinbreitbach b. Bonn

TABLE DES MATIÈRES

AVANT-PROPOS

Ce manuel est destiné aux étudiants désireux de pratiquer les éléments de Calcul des Probabilités en vue de ses applications aux disciplines les plus diverses (Statistique, Informatique, Sciences de l'ingénieur, Physique, Chimie, Biologie, Médecine, Economie...). Il se rapporte à l'essentiel de ce qui peut être fait sans l'usage du Calcul différentiel et intégral. Les connaissances mathématiques nécessaires ne dépassent pas celles d'un baccalauréat non scientifique.

Les rappels de cours précédant les différents problèmes constituent des résumés aide-mémoire et ne sauraient en aucun cas remplacer un cours de Calcul des Probabilités avec les explications et les exemples qu'il comporte. Pour un tel cours, nous renvoyons par exemple le lecteur à notre ouvrage concernant l'enseignement donné dans le cadre du Conservatoire National des Arts et Métiers [1].

[1] P. Jaffard, **Initiation aux méthodes de la Statistique et du Calcul des probabilités.** Ed. Masson.

1. Espaces de probabilité

1.1. Evénements

Un problème qui relève du Calcul des Probabilités se ramène à l'étude du tirage au sort d'un élément ω dans un ensemble Ω.

1.1.1. Rappel de définitions et de notations ensemblistes

Un **ensemble** Ω est composé d'**éléments** (ou d'**objets**, ou de **points**). On note de façon habituelle :

$\mathbb{Z}$ l'ensemble des nombres entiers, soit :

$$\mathbb{Z} = \{ \dots, -2, -1, 0, 1, 2, \dots \} .$$

$\mathbb{N}$ l'ensemble des nombres entiers positifs, soit :

$$\mathbb{N} = \{ 0, 1, 2, \dots \} .$$

$\mathbb{R}$ l'ensemble des nombres réels tels que $-\sqrt{\pi}$, 0, $\frac{2}{3}$, 4, etc...

Un **sous-ensemble** (ou **partie**) A d'un ensemble Ω est un ensemble dont tout élément est élément de Ω. Parmi les sous-ensembles de Ω, il faut remarquer le sous-ensemble **vide** $\emptyset$ qui n'a aucun élément et l'ensemble Ω lui-même (qui contient tous les éléments de Ω). Etant donné un sous-ensemble A de Ω, on note :

$\omega \in A$ si ω est élément de A (ou **appartient** à A) **(relation d'appartenance)**

et

$\omega \notin A$ si ω n'est pas élément de A (ou n'appartient pas à A).

Un sous-ensemble A de Ω peut être défini en indiquant explicitement tous ses éléments. Ainsi $\{ 0, 2, 3 \}$ est un sous-ensemble de $\mathbb{Z}$. Il peut encore être défini au moyen d'une propriété P qui caractérise ses éléments. On écrira alors :

$$A = \{ \omega \in \Omega ; \omega \text{ vérifie } P \} .$$

Ainsi, a et b étant deux éléments de $\mathbb{R}$ vérifiant $a \leqslant b$, on définit les intervalles :

$$[\![a, b]\!] = \{ x \in \mathbb{R} ; \ a \leqslant x \leqslant b \}$$
$$]\!]a, b[\![= \{ x \in \mathbb{R} ; \ a < x < b \}$$
$$[\![a, b[\![= \{ x \in \mathbb{R} ; \ a \leqslant x < b \}$$
$$]\!]a, b]\!] = \{ x \in \mathbb{R} ; \ a < x \leqslant b \} .$$

Soient deux sous-ensembles A et B de Ω. Lorsque tout élément de A est élément de B, on dit que A est **inclus** dans B et on écrit $A \subset B$. Ainsi on a $\mathbb{N} \subset \mathbb{Z}$ et $\mathbb{Z} \subset \mathbb{R}$.

Etant donné un sous-ensemble A de Ω, on appelle **complémentaire de** A **dans** Ω (ou simplement **complémentaire** de A quand il n'y a pas d'ambiguïté) et on note A^c le sous-ensemble de Ω formé par les éléments de Ω qui n'appartiennent pas à A, soit :

$$A^c = \{ \omega \in \Omega ; \ \omega \notin A \} .$$

Etant donnés deux sous-ensembles A et B de Ω, on définit **l'intersection** $A \cap B$, sous-ensemble de Ω formé par les éléments qui appartiennent à la fois à A et à B, soit :

$$A \cap B = \{ \omega \in \Omega ; \ \omega \in A \text{ et } \omega \in B \}$$

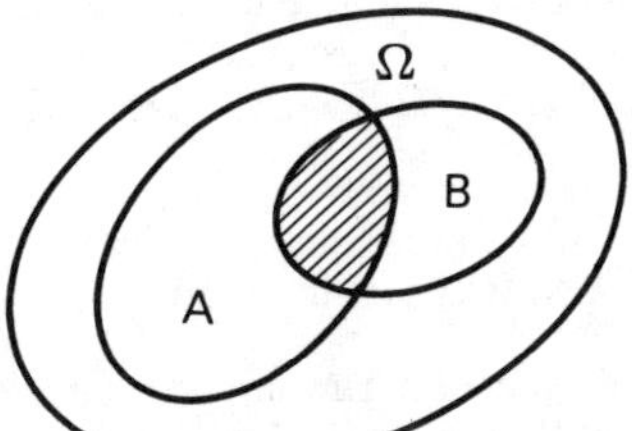

FIG. 1.1.

et la **réunion** $A \cup B$, sous-ensemble de Ω formé par les éléments qui appartiennent à l'un au moins des sous-ensembles A ou B.

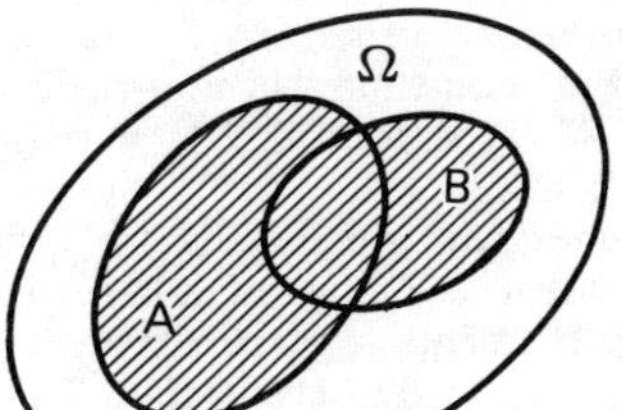

FIG. 1.2.

Lorsque $A \cap B = \emptyset$, on note $A + B$ la réunion $A \cup B$ et on l'appelle la **somme** des sous-ensembles A et B.

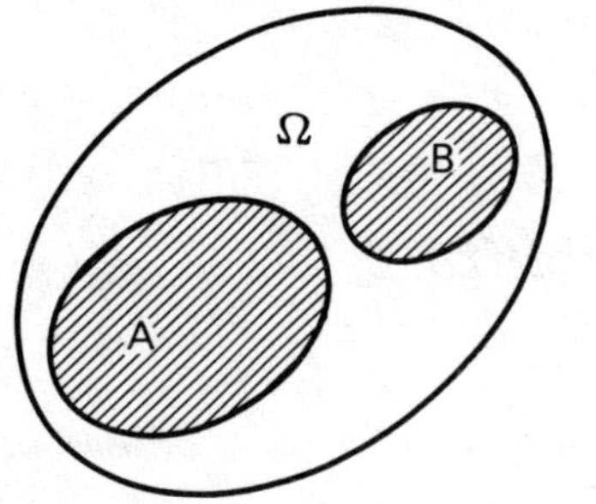

FIG. 1.3.

Ces notions se généralisent : si $A_1, \dots, A_n$ sont des sous-ensembles de Ω, l'**intersection** $A_1 \cap \dots \cap A_n$ est le sous-ensemble formé par les éléments de Ω qui appartiennent à chaque A_i et la **réunion** $A_1 \cup \dots \cup A_n$ est le sous-ensemble formé par les éléments de Ω qui appartiennent à l'un au moins des A_i. Dans le cas où $i \neq j$ entraîne toujours $A_i \cap A_j = \varnothing$, la réunion est appelée la **somme** et notée $A_1 + \dots + A_n$.

Etant donné n ensembles $\Omega_1, \dots, \Omega_n$, leur **produit** est l'ensemble noté $\Omega_1 \times \dots \times \Omega_n$ formé par tous les n-uples $\omega = (\omega_1, \dots, \omega_n)$ dont le premier élément ω_1 appartient à Ω_1, le deuxième ω_2 à $\Omega_2, \dots$, le n-ième ω_n à Ω_n.

Dans le cas $\Omega_1 = \Omega_2 = \dots = \Omega_n = E$, on note ce produit E^n.

1.1.2. Le langage des événements

Supposons que l'on tire au sort un élément dans un ensemble Ω non vide. Les éléments de Ω sont alors appelés **épreuves** et les sous-ensembles de Ω les **événements** définis sur cet ensemble. Si l'on tire au sort une épreuve ω appartenant à l'événement A, on dira que l'événement A est **réalisé.** L'événement $\varnothing$ est dit l'**événement impossible** (il n'est jamais réalisé). L'événement Ω est dit l'**événement certain** (il est toujours réalisé).

L'inclusion $A \subset B$ signifie que la réalisation de A entraîne toujours celle de B. On dit alors que l'événement A **entraîne** l'événement B. La réalisation de l'événement A^c équivaut à la non-réalisation de A : on dit que A^c est **le contraire** de A et on le désigne encore par **non** A.

Etant donnés deux événements A et B, la réalisation de l'événement $A \cap B$ équivaut à la réalisation simultanée des événements A et B. On note $A \cap B = A$ **et** B. La réalisation de l'événement $A \cup B$ équivaut à la réalisation de l'un au moins des deux événements A ou B. On note $A \cup B = A$ **ou** B.

Si $A \cap B = \varnothing$, les événements A et B sont **incompatibles.** Ainsi A et A^c sont toujours incompatibles. On note :

$$A_1 \cap \dots \cap A_n = A_1 \text{ et } \dots \text{ et } A_n$$
$$A_1 \cup \dots \cup A_n = A_1 \text{ ou } \dots \text{ ou } A_n .$$

Exemple. — Le tirage au sort consiste à jouer à « pile ou face » 3 fois de suite. En notant 1 pour pile et 0 pour face, on peut prendre $\Omega = \{ 0, 1 \}^3$. L'événement : $A =$ (les 3 lancés donnent le même résultat) est formé des 2 épreuves (0, 0, 0) et (1, 1, 1).

1.1.3. Fonctions indicatrices

Etant donné le sous-ensemble A de Ω, on utilise la fonction 1_A définie sur Ω par les égalités :

$$1_A(\omega) = 0 \quad \text{si} \quad \omega \notin A$$
$$1_A(\omega) = 1 \quad \text{si} \quad \omega \in A .$$

$1_\varnothing$ est la fonction constante toujours nulle, 1_Ω est la constante 1. On a toujours $1_{A \cap B}(\omega) = 1_A(\omega)\, 1_B(\omega)$, ce que l'on note $1_{A \cap B} = 1_A\, 1_B$.

On a $1_{A+B}(\omega) = 1_A(\omega) + 1_B(\omega)$, ce que l'on note $1_{A+B} = 1_A + 1_B$.

Plus généralement : $1_{A \cup B} = 1_A + 1_B - 1_A\, 1_B$.

Problèmes

P 1

On considère les sous-ensembles de $\mathbb{R}$:

$$\Omega = \{ 1, 2, 3, 4, 5, 6, 7, 8, 9, 10 \}$$
$$C = \mathbb{Z} \cap [\![2, 8]\!]$$
$$D = [\![2, 3]\!] \cap]\!]1, 2]\!] .$$

Montrer les inclusions $C \subset \Omega$ *et* $D \subset \Omega$.

Décrire $A = \{ \omega \in \Omega ; \omega$ *est premier* $\}$ *au moyen de C, D et de* $B = \{ \omega \in \Omega ; \omega$ *est pair* $\}$ *(et au moyen des signes* $\cap$, $\cup$ *et* ^{c}*).*

Solution

On a

$$C = \{ 2, 3, 4, 5, 6, 7, 8 \} \subset \Omega , \quad D = \{ 2 \} \subset \Omega ,$$
$$B = \{ 2, 4, 6, 8, 10 \}$$

et

$$A = \{ 2, 3, 5, 7 \} = (C \cap B^c) \cup D = (C \cap B^c) + D$$

(car $(C \cap B^c) \cap D = \varnothing$).

P 2

On lance 2 dés en l'air. Une épreuve est identifiée à un couple (x, y) *où* x *est le nombre des points amenés par le premier dé et* y *par le second. Décrire l'ensemble* Ω *des épreuves et les événements :*

$A =$ *(la différence des points est paire)*
$B =$ *(les 2 dés amènent le même nombre)*
$C =$ *(un des dés au moins amène le 1)*
$A \cap B$, $A \cup B$ *et* $A \cap B^c$.

Trouver un ensemble d'épreuves moins grand sur lequel ces événements sont également définis.

Solution

Ω est le produit d'ensembles $\{1, 2, 3, 4, 5, 6\}^2$. On a

$$A = \left\{ (x, y) \in \Omega ;\ \frac{x-y}{2} \in \mathbb{Z} \right\}$$
$$= \{(1, 1), (1, 3), (1, 5), (2, 2), (2, 4), (2, 6), (3, 1), (3, 3), (3, 5), (4, 2), (4, 4), (4, 6), (5, 1), (5, 3), (5, 5), (6, 2), (6, 4), (6, 6)\} .$$
$$B = \{(x, y) \in \Omega ;\ x = y\}$$
$$= \{(1, 1), (2, 2), (3, 3), (4, 4), (5, 5), (6, 6)\} .$$
$$C = \{(x, y) \in \Omega ;\ (x-1)(y-1) = 0\}$$
$$= \{(1, 1), (1, 2), (1, 3), (1, 4), (1, 5), (1, 6), (2, 1), (3, 1), (4, 1), (5, 1), (6, 1)\} .$$

$A \cap B = B$

$A \cup B = A$

$$A \cap B^c = \left\{ (x, y) \in \Omega ;\ \frac{x-y}{2} \in \mathbb{Z} \cap \{0\}^c \right\}$$
$$= \{(1, 3), (1, 5), (2, 4), (2, 6), (3, 1), (3, 5), (4, 2), (4, 6), (5, 1), (5, 3), (6, 2), (6, 4)\} .$$

Ces divers événements ne distinguant pas les 2 dés, on peut décrire une épreuve par les 2 points amenés, sans spécifier leur ordre, les épreuves $\{2, 3\}$ et $\{3, 2\}$ étant la même. On a alors :

$$\Omega' = \{\{1, 1\}, \{1, 2\}, \{1, 3\}, \{1, 4\}, \{1, 5\}, \{1, 6\}, \{2, 2\}, \{2, 3\}, \{2, 4\}, \{2, 5\}, \{2, 6\}, \{3, 3\}, \{3, 4\}, \{3, 5\}, \{3, 6\}, \{4, 4\}, \{4, 5\}, \{4, 6\}, \{5, 5\}, \{5, 6\}, \{6, 6\}\} .$$

Ω' a $6 + 5 + \cdots + 1 = 21$ éléments alors que Ω en a $6^2 = 36$.

P 3

Les données étant celles de P 2, *on considère dans Ω les événements :*

E = (la somme des points est paire) ;

F = (le chiffre 3 est sorti) .

Combien d'épreuves contiennent les événements :

$$E \cup F ,\quad E \cap F ,\quad E \cap F^c ,\quad (E \cap F^c) \cup E^c .$$

Réponse

Les nombres d'épreuves contenues sont respectivement : 24, 5, 13 et 31.

P 4

Des lecteurs peuvent lire 3 revues A, B et C. On note A l'événement (le lecteur lit A), de même pour B et C. Décrire au moyen de A, B et C les événements :

E = (le lecteur ne lit qu'une revue) ;

F = (le lecteur lit exactement 2 revues) .

Réponse

$$E = (A \cap B^c \cap C^c) + (A^c \cap B \cap C^c) + (A^c \cap B^c \cap C)$$
$$F = (A^c \cap B \cap C) + (A \cap B^c \cap C) + (A \cap B \cap C^c) .$$

P 5

Pour une famille de 3 enfants, on considère les événements :

A_i = (le i-ième enfant est un garçon) pour $i = 1, 2, 3$

B_j = (il y a j garçons dans la famille) pour $j = 0, 1, 2, 3$.

Parmi les égalités suivantes, lesquelles vous semblent valables ?

$$\Omega = A_1 \cup A_2 \cup A_3 = A_1 + A_2 + A_3$$
$$\Omega = B_0 \cup B_1 \cup B_2 \cup B_3 = B_0 + B_1 + B_2 + B_3 .$$

Réponse

Les égalités de la première ligne sont toutes fausses, celles de la seconde sont toutes vraies.

P 6

Des fils électriques relient les bornes O et O' selon le schéma indiqué, les A_i et les B_j étant des fusibles. On désigne par A_i l'événement (le fusible A_i n'est pas fondu), de même pour les B_j. Décrire au moyen des A_i et des B_j les événements :

E = (le courant passe) ;

F = (le courant ne passe pas, mais il suffit de changer un fusible pour qu'il passe).

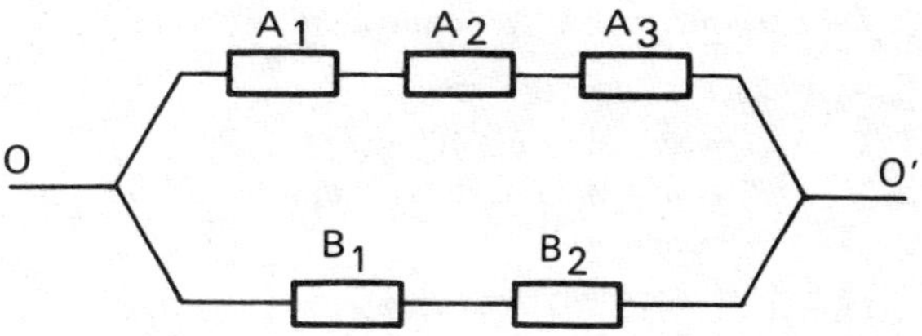

P 1.6.

Réponse

$$E = (A_1 \cap A_2 \cap A_3) \cup (B_1 \cap B_2)$$
$$F = E^c \cap [B_1 \cup B_2 \cup (A_1 \cap A_2) \cup (A_2 \cap A_3) \cup (A_1 \cup A_3)] .$$

P 7 *Parmi les égalités suivantes, lesquelles vous semblent toujours valables :*

(1) $A \cup (B \cap C) = (A \cup B) \cap (A \cup C)$
(2) $A \cap (B \cup C) = (A \cap B) \cup (A \cap C)$
(3) $A + (B \cap C) = (A + B) \cap (A + C)$
(4) $A \cap (B + C) = (A \cap B) + (A \cap C)$?

Solution

(1), (2) et (4) sont toujours valables. Montrons par exemple (1) :

On a les inclusions évidentes $A \subset (A \cup B)$ et $A \subset (A \cup C)$ d'où on déduit :

(a) $$A \subset (A \cup B) \cap (A \cup C).$$

De même les inclusions évidentes

$$(B \cap C) \subset B \subset (A \cup B) \text{ et } (B \cap C) \subset (A \cup C)$$

entraînent :

(b) $$(B \cap C) \subset (A \cup B) \cap (A \cup C).$$

(a) et (b) étant toutes 2 réalisées, on a (1).

(3) n'est valable que si $A \cap B = \emptyset$ et $A \cap C = \emptyset$. Par contre, on peut avoir $A \cap (B \cap C) = \emptyset$ sans avoir $A \cap B = \emptyset$ et $A \cap C = \emptyset$ (prendre $A = \Omega$ et $B \cap C = \emptyset$). Donc on peut avoir le droit, dans (1), de remplacer $\cup$ par $+$ à gauche, sans avoir le droit de le faire à droite.

P 8 *Simplifier l'expression*

$$(A \cup B) \cap (A \cup B^c)$$

soit directement, soit en se servant des fonctions indicatrices.

Solution

Directement on a les équivalences évidentes :

$$\omega \in (A \cup B) \cap (A \cup B^c) \Leftrightarrow$$
$$\Leftrightarrow \omega \in A \cup B \quad \text{et} \quad \omega \in A \cup B^c$$
$$\Leftrightarrow \omega \in A \quad \text{ou, sinon,} \quad \omega \in B \quad \text{et} \quad \omega \in B^c$$
$$\Leftrightarrow \omega \in A.$$

Donc $(A \cup B) \cap (A \cup B^c) = A$.

Par les fonctions indicatrices :

$$\begin{aligned} 1_{(A \cup B) \cap (A \cup B^c)} &= 1_{(A \cup B)} 1_{(A \cup B^c)} \\ &= (1_A + 1_B - 1_A 1_B)(1_A + 1_{B^c} - 1_A 1_{B^c}) \\ &= 1_A 1_A + 1_A 1_{B^c} - 1_A 1_A 1_{B^c} + 1_B 1_A \\ &+ 1_B 1_{B^c} - 1_B 1_A 1_{B^c} - 1_A 1_B 1_A - 1_A 1_B 1_{B^c} \\ &+ 1_A 1_B 1_A 1_{B^c}. \end{aligned}$$

En tenant compte de $1_A 1_A = 1_A$ et de $1_B 1_{B^c} = 0$, ceci vaut

$$1_A + 1_A 1_{B^c} - 1_A 1_{B^c} + 1_A 1_B - 1_A 1_B = 1_A$$

d'où encore $(A \cup B) \cap (A \cup B^c) = A$.

P 9 *Simplifiez les expressions :*

$$(A \cup B) \cap (A^c \cup B) \cap (A \cap B^c)$$
$$(A \cup B) \cap (A^c \cup B) \cap (A \cup B^c).$$

Réponse

La première est $\emptyset$, la seconde est $A \cap B$.

P 10 *Exprimer* $1_{A \cup B \cup C}$ *au moyen de* 1_A, 1_B *et* 1_C.

Solution

$(A \cup B \cup C)^c = A^c \cap B^c \cap C^c$ permet d'écrire :

$$\begin{aligned} 1_{A \cup B \cup C} &= 1 - 1_{A^c} 1_{B^c} 1_{C^c} \\ &= 1 - (1 - 1_A)(1 - 1_B)(1 - 1_C) \\ &= 1_A + 1_B + 1_C - 1_A 1_B - 1_A 1_C - \\ &\qquad - 1_B 1_C + 1_A 1_B 1_C. \end{aligned}$$

P 11 *Exprimer* $1_{A_1 \cup A_2 \cup \dots \cup A_n}$ *au moyen des* 1_{A_i}.

Solution

La méthode est la même que dans P 10. On trouve :

$$1_{A_1 \cup \dots \cup A_n} = \sum_i 1_{A_i} - \sum_{i<j} 1_{A_i} 1_{A_j}$$
$$+ \sum_{i<j<k} 1_{A_i} 1_{A_j} 1_{A_k} - \sum_{i<j<k<l} 1_{A_i} 1_{A_j} 1_{A_k} 1_{A_l} + \cdots.$$

un signe tel que $\sum_{i<j<k} 1_{A_i} 1_{A_j} 1_{A_k}$ signifiant que l'on fait la somme des termes de la forme $1_{A_i} 1_{A_j} 1_{A_k}$ pour tous les triples (i, j, k) tels que

$$1 \leqslant i < j < k \leqslant n.$$

1.2. Lois de probabilité

Etant donné un tirage au sort dans un ensemble Ω, la **loi de probabilité** P de ce tirage associe à chaque événement A la probabilité $P(A)$ pour que A soit réalisé au cours de ce tirage. $P(A)$ est un nombre réel et les propriétés suivantes sont vérifiées :

1) $0 \leqslant P(A) \leqslant 1$.
2) $P(\emptyset) = 0$ et $P(\Omega) = 1$.
3) $P(A^c) = 1 - P(A)$.
4) $P(A_1 + \cdots + A_n) = P(A_1) + \cdots + P(A_n)$.

On en déduit :

$$A \subset B \Rightarrow P(A) \leqslant P(B).$$

1.2.1. Formule de Poincaré

$$P(A \cup B) = P(A) + P(B) - P(A \cap B) \leqslant P(A) + P(B).$$

Dans l'**analogie des masses** on considère qu'une loi de probabilité est une répartition sur Ω d'une masse unité. $P(A)$ est alors la masse du sous-ensemble A.

Exemple 1. — Soit $a \in \Omega$. Si on tire toujours a (le hasard est ici éliminé), la loi de probabilité est notée δ_a et vérifie :

$$\delta_a(A) = \begin{cases} 0 & \text{si} \quad a \notin A \\ 1 & \text{si} \quad a \in A. \end{cases}$$

Elle correspond à la masse unité placée au seul point a.

Exemple 2. — Plus généralement, soient $a_1, \ldots, a_n$ des points de Ω distincts et des nombres positifs $p_1, \ldots, p_n$ tels que $p_1 + \cdots + p_n = 1$. La loi de probabilité P obtenue en mettant en chaque point a_i la masse ponctuelle p_i est définie par :

$$P(A) = \sum_{1 \leqslant i \leqslant n} p_i\, \delta_{a_i}(A) = \sum_{a_i \in A} p_i \text{ } (^1).$$

On appelle **espace de probabilité** la donnée (Ω, P) d'un ensemble Ω et d'une loi de probabilité P sur cet ensemble. Un sous-ensemble A de Ω est alors dit **événement aléatoire.** Si $P(A) = 0$, A est dit **presque impossible.** Si $P(A) = 1$, A est dit **presque certain.**

$A_1, \ldots, A_n$ presque impossibles $\Rightarrow A_1 \cup \ldots \cup A_n$ presque impossible.

$A_1, \ldots, A_n$ presque certains $\Rightarrow A_1 \cap \ldots \cap A_n$ presque certain.

Problèmes

P 12 *Sur* $\Omega = \{1, 2, 3, 4, 5\}$ *déterminer la loi* P *telle que* :

$$P(\{1, 2, 3\}) = P(\{4, 5\})$$
$$P(\{1, 2\}) = P(\{2, 3\})$$
$$P(\{2\}) = P(\{5\})$$
$$P(\{1, 3\}) = P(\{4, 5\}).$$

Solution

Posons $p_i = P(\{i\})$. On a :

(1) $p_1 + p_2 + p_3 + p_4 + p_5 = 1$

(2) $p_1 + p_2 + p_3 = p_4 + p_5$

(3) $p_1 + p_2 = p_2 + p_3$

(4) $p_2 = p_5$

(5) $p_1 + p_3 = p_4 + p_5$.

(2) et (5) $\Rightarrow p_2 = 0$, donc $p_5 = 0$ et $p_1 = p_3$. On a alors

$$2p_1 + p_4 = 1$$
$$2p_1 = p_4$$

d'où :

$$p_1 = \frac{1}{4}, \; p_2 = 0, \; p_3 = \frac{1}{4}, \; p_4 = \frac{1}{2}, \; p_5 = 0$$

et

$$P = \frac{1}{4}\delta_1 + \frac{1}{4}\delta_3 + \frac{1}{2}\delta_4.$$

P 13 *Un prisme droit, de base carrée, est formé d'une matière homogène. On désigne ses 2 bases par* B_1 *et* B_2, *ses 4 faces latérales par* C_1, C_2, C_3 *et* C_4. *On lance le prisme. Sachant que* :

P (*il tombe sur une face latérale*) $=$

$= 3\,P$ (*il tombe sur une base*),

calculer les diverses probabilités $P(B_1), \ldots, P(C_4)$ *pour qu'il tombe sur la face correspondante.*

Réponse

$$P(B_1) = P(B_2) = \frac{1}{8}$$

$$P(C_1) = P(C_2) = P(C_3) = P(C_4) = \frac{3}{16}.$$

P 14 *Sur* $\Omega = \{0, 1, 2, \ldots, 9, 10\}$, *déterminer la loi* P *telle que* $P(\{i\})$ *soit proportionnel à* i. *Calculer* P (ω *est pair*) *et* P (ω *est premier*).

Solution

Il existe un nombre a tel que :

$$P(\{i\}) = p_i = ai.$$

L'égalité $p_0 + p_1 + \cdots + p_{10} = 1$ s'écrit :

$$a(0 + 1 + 2 + \cdots + 10) = 1 \quad \text{ou} \quad a = \frac{1}{55}.$$

(1) Rappelons que, si f est une fonction numérique sur Ω (c.-à-d. associe à tout élément ω de Ω un nombre $f(\omega)$) et si $A = \{\omega_1, \ldots, \omega_n\}$ est un sous-ensemble fini de Ω, on note $\sum_{\omega \in A} f(\omega)$ la somme $f(\omega_1) + \cdots + f(\omega_n)$. Dans le cas où $A = \{\omega \in \Omega\,;\, \omega \text{ vérifie } P\}$, on note encore cette somme $\sum_{\omega \text{ vérifie } P} f(\omega)$.

La loi P est donc déterminée par :

$$p_0 = 0\,, \quad p_1 = \frac{1}{55}\,, \quad p_2 = \frac{2}{55}\,, \ldots, p_{10} = \frac{10}{55}\,.$$

On a

$$P\,(\omega \text{ est pair}) = p_0 + p_2 + p_4 + p_6 + p_8 + p_{10} = \frac{30}{55}$$

et

$$P\,(\omega \text{ est premier}) = p_2 + p_3 + p_5 + p_7 = \frac{17}{55}\,.$$

P 15 *Sur l'ensemble $\Omega = \{\,0, 1, 2, \ldots, 10\,\}$ déterminer une loi P telle que les nombres $p_i = P(\{\,i\,\})$ vérifient les 2 conditions suivantes :*

1) $p_{10} = 2\,p_0$.
2) *Il existe 2 constantes a et b telles que :*

$$p_i = a + b_i \quad \textit{pour tout} \quad i\,.$$

Calculer P (ω est un carré parfait).

Réponse

$$p_i = \frac{10 + i}{165}\,.$$

$$P\,(\omega \text{ est un carré parfait}) = \frac{54}{165}\,.$$

P 16 *Sachant que l'on a $P(A) = P(B) = \dfrac{3}{4}$, quel est le maximum possible de $P(A \cap B)$? Quel en est le minimum.*

Solution

L'inégalité $P(A \cap B) \leqslant P(A)$ montre que l'on a $P(A \cap B) \leqslant \frac{3}{4}$. Pour $B = A$, on a $A \cap B = A$ et $P(A \cap B) = \frac{3}{4}$. Le maximum possible est donc $\frac{3}{4}$. L'égalité

$$P(A \cup B) = P(A) + P(B) - P(A \cap B)$$

montre que $P(A \cap B)$ est minimum lorsque $P(A \cup B)$ est maximum. Ce maximum est atteint pour $A \cup B = \Omega$, par exemple pour $\Omega = \{\,1, 2, 3, 4\,\}$ avec

$$p_1 = p_2 = p_3 = p_4 = \frac{1}{4}\,, \quad A = \{\,1, 2, 3\,\}$$

et $B = \{\,2, 3, 4\,\}$.

Le minimum demandé est alors :

$$P(A \cap B) = P(A) + P(B) - P(A \cup B) = \frac{3}{4} + \frac{3}{4} - 1 = \frac{1}{2}\,.$$

P 17 *Démontrer la formule de Poincaré pour 3 événements :*

$$P(A \cup B \cup C) = P(A) + P(B) + P(C) - P(A \cap B) - P(B \cap C) - P(A \cap C) + P(A \cap B \cap C)\,.$$

Solution

Appliquons la formule de Poincaré pour 2 événements. On a

(1) $P(A \cup B \cup C) = P(A \cup B) + P(C) - P[(A \cup B) \cap C]$

(2) $P(A \cup B) = P(A) + P(B) - P(A \cap B)$

et $(A \cup B) \cap C = (A \cap C) \cup (B \cap C)$ entraîne

(3) $P[(A \cup B) \cap C] = P(A \cap C) + P(B \cap C) - P(A \cap B \cap C)\,.$

En portant (2) et (3) dans le second membre de (1) on obtient l'égalité désirée.

P 18 *En utilisant* P 17, *donner une expression de $P(A \cup B \cup C \cup D)$.*

Réponse

$$\begin{aligned} P(A \cup B \cup C \cup D) = {} & P(A) + P(B) + P(C) \\ & + P(D) - P(A \cap B) - P(A \cap C) \\ & - P(A \cap D) - P(B \cap C) - P(B \cap D) \\ & - P(C \cap D) + P(A \cap B \cap C) \\ & + P(A \cap B \cap D) + P(A \cap C \cap D) \\ & + P(B \cap C \cap D) - P(A \cap B \cap C \cap D)\,. \end{aligned}$$

P 19 *On considère 3 événements A, B, C tels que*

$$P(A) = \frac{1}{2}\,, \quad P(B) = \frac{5}{12} = P(C)\,,$$

$$P(A \cap B) = \frac{4}{12} = P(B \cap C)\,, \quad P(C \cap A) = \frac{3}{12}\,,$$

$$P(A \cap B \cap C) = \frac{3}{12}$$

et la fonction $X = 1_A + 1_B + 1_C$ (égale au nombre des événements A, B et C qui se produisent). En se servant de P 17, *calculer $P(X = i)$ pour $i = 3, 2, 1, 0$ successivement.*

Solution

On a $P(X = 3) = P(A \cap B \cap C) = \frac{3}{12}$ et, en posant $E = A \cap B$, $F = A \cap C$ et $G = B \cap C$, on a :

$$\begin{aligned} P(X \geqslant 2) = P(E \cup F \cup G) = {} & P(E) + P(F) + P(G) \\ & - P(E \cap F) - P(E \cap G) - P(F \cap G) \\ & + P(E \cap F \cap G)\,. \end{aligned}$$

En vertu des égalités évidentes

$$E \cap F = E \cap G = F \cap G$$
$$= E \cap F \cap G = A \cap B \cap C$$

on a donc : $P(X \geqslant 2) = \frac{5}{12}$.

L'égalité $(X \geqslant 2) = (X = 2) + (X = 3)$ permet d'écrire :

$$P(X = 2) = P(X \geqslant 2) - P(X = 3)$$
$$= \frac{5}{12} - \frac{3}{12} = \frac{2}{12}.$$

De façon analogue :

$$P(X \geqslant 1) = P(A \cup B \cup C) = \frac{8}{12}$$

et

$$P(X = 1) = P(X \geqslant 1) - P(X \geqslant 2) = \frac{3}{12}.$$

Enfin :

$$P(X = 0) = P((X \geqslant 1)^c) = 1 - P(X \geqslant 1) = \frac{4}{12}.$$

P 20 *On donne* $P(A) = \frac{1}{2}$, $P(B) = \frac{5}{12}$ *et*

$$P[(A \cup B)^c] = \frac{1}{3}.$$

Calculer $P(A \cap B)$, $P(A \cap B^c)$,

$P(A^c \cap B)$ *et* $P(A^c \cap B^c)$.

Réponse

$$P(A \cap B) = \frac{1}{4}, \quad P(A \cap B^c) = \frac{1}{4},$$

$$P(A^c \cap B) = \frac{1}{6} \quad \text{et} \quad P(A^c \cap B^c) = \frac{1}{3}.$$

P 21 *Le nombre X de livres achetés par un client éventuel qui entre dans une librairie dépend du hasard. On a :*

$$P(0 \leqslant X \leqslant 1) = \frac{8}{12}, \quad P(1 \leqslant X \leqslant 2) = \frac{7}{12}$$

$$P(0 \leqslant X < 3) = \frac{10}{12} \quad et \quad P(X = 3) = P(X \geqslant 4).$$

Calculer $P(X = i)$ *pour* $i = 0, 1, 2, 3$.

Réponse

$$P(X = 0) = \frac{3}{12}, \qquad P(X = 1) = \frac{5}{12},$$

$$P(X = 2) = \frac{2}{12} \quad \text{et} \quad P(X = 3) = \frac{1}{12}.$$

1.3. Loi uniforme sur un ensemble fini. Analyse combinatoire

Soit $\Omega = \{ \omega_1, ..., \omega_N \}$ un ensemble fini, c.-à-d. composé d'un nombre fini N d'éléments. N est appelé le **cardinal** ou l'**effectif** de Ω. On le désigne par Ω. Toute loi de probabilité sur Ω est alors de la forme :

$$P = p_1 \, \delta_{\omega_1} + \cdots + p_N \, \delta_{\omega_N}.$$

Le cas $p_1 = p_2 = \cdots = p_N = \frac{1}{N}$ est celui où tous les éléments de Ω ont la même probabilité d'être tirés. La loi correspondante P est dite la **loi uniforme** sur Ω. C'est à elle que l'on se réfère implicitement lorsque l'on dit sans préciser : « On choisit au hasard un élément dans Ω. » Si P est la loi uniforme :

$$P(A) = \frac{|A|}{|\Omega|} = \textbf{fréquence de } A.$$

Le calcul de $|A|$ fait souvent appel à l'**analyse combinatoire.**
Pour $n \in \mathbb{N}$, on définit n (**factorielle** n) par :

$$0\,! = 1 \text{ et } n\,! = 1 \times 2 \times 3 \times \cdots \times (n-1) \times n$$
$$\text{pour} \quad n \geqslant 1.$$

Lorsque n est grand, la **formule de Stirling** donne une bonne approximation de n !

$$n\,! \cong \sqrt{2\pi n}\left(\frac{n}{\mathrm{e}}\right)^n$$

où $\mathrm{e} = 2{,}718\,28 \ldots$ avec $\log \mathrm{e} = 0{,}434\,29 \ldots$

On a $|A + B| = |A| + |B|$

$$|\Omega_1 \times \cdots \times \Omega_n| = |\Omega_1| \times \cdots \times |\Omega_n|.$$

1.3.1. Tirage non exhaustif

Imaginons un ensemble E comme une urne. On tire « au hasard » un élément de E. On le replace dans E et on fait ceci n fois de suite. On obtient ainsi une épreuve $\omega = (\omega_1, ..., \omega_n)$ qui est un élément de $\Omega = E^n$. Si ces divers tirages n'influent pas les uns sur les autres, toutes les suites ont la même chance d'être tirées et on a sur Ω la loi uniforme. Ici

$$|\Omega| = |E|^n.$$

1.3.2. Tirage exhaustif

Pour $n \leqslant |E|$, on fait la même expérience, mais sans remettre dans E les éléments tirés. Une épreuve $\omega = (\omega_1, ..., \omega_n)$ est ici une suite de n éléments de E deux à deux distincts. Elle est appelée un **arrangement** n **à** n des éléments composant E. Pour $|E| = N$, l'ensemble Ω de ces arrangements a pour cardinal :

$$|\Omega| = A_N^n = N(N-1) \ldots (N-n+1).$$

La loi de probabilité sur Ω est encore la loi uniforme. Pour $n = N$ un arrangement est un classement des éléments de E dans un certain ordre. On l'appelle une **permutation.** Il y a $|E|!$ permutations des éléments de E.

Soit E un ensemble de cardinal N. L'ensemble Ω formé par les sous-ensembles de E d'effectif n (avec $n \leqslant N$) a son cardinal noté $\binom{N}{n}$ ou C_N^n. On a **(formule des combinaisons)** :

$$\binom{N}{n} = \frac{N(N-1)\dots(N-n+1)}{n!} = \frac{N!}{n!\,(N-n)!}.$$

L'égalité

$$\binom{N}{n} = \binom{N-1}{n-1} + \binom{N-1}{n}$$

permet de calculer rapidement, pour N donné, les différentes valeurs de $\binom{N}{n}$ à partir des valeurs correspondantes pour $N - 1$ **(triangle arithmétique de Pascal).**

Problèmes

P 22

Calculer 10 ! *directement, puis au moyen de la formule de Stirling. Faire le rapport des 2 résultats obtenus.*

Solution

On a

$$10! = 1 \times 2 \times 3 \times 4 \times 5 \times 6 \times 7 \times 8 \times 9 \times 10 = 3\,628\,800$$

$$A = \sqrt{2\pi \times 10}\left(\frac{10}{e}\right)^{10}$$

a pour logarithme

$$\frac{1}{2}(\log 2 + \log \pi + \log 10) + 10(\log 10 - \log e) = 6{,}556\,19$$

d'où : $A = 3\,599\,000$.

On a $\frac{A}{10!} = 0{,}991\,8$. On constate que ce rapport est proche de 1. L'erreur relative commise en remplaçant 10 ! par A est de l'ordre de 1 %.

P 23

Un cours de perfectionnement en langues vivantes fait passer à ses élèves un examen à l'entrée et à la sortie. Ces examens sont cotés de 0 *à* 4. *Les élèves sont au nombre de* 100 *et les résultats sont indiqués sur le tableau suivant, le nombre des élèves ayant la note i au premier examen et j au second étant noté à l'intersection de la colonne i et de la ligne j (c'est ainsi qu'il y a* 4 *élèves ayant* 2 *au premier examen et* 1 *au second).*

2ᵉ exa. \ 1ᵉʳ exa.	0	1	2	3	4
0	0	1	0	0	0
1	3	5	4	0	0
2	1	4	26	5	0
3	0	3	11	15	3
4	0	0	3	7	9

Un élève étant choisi au hasard parmi les 100, *calculer les probabilités pour que, du premier au second examen :*

1) *sa note ait augmenté ;*
2) *sa note ait baissé ;*
3) *sa note soit restée la même.*

Solution

La loi du tirage au sort est uniforme sur l'ensemble Ω formé par les 100 élèves. Notons $X(\omega)$ et $Y(\omega)$ les notes de l'élève ω au premier et au second examen et introduisons les sous-ensembles de Ω :

$$A = \{\omega \in \Omega\,;\, X(\omega) < Y(\omega)\} = (X < Y)$$
$$B = (Y < X) \text{ et } C = (X = Y).$$

P (la note a augmenté) $= P(A)$.
P (la note a baissé) $= P(B)$
P (la note est restée la même) $= P(C)$.

L'effectif $|A|$ de A s'obtient en additionnant les nombres du tableau dont l'indice de la ligne est strictement supérieur à celui de la colonne, soit :

$$|A| = 3 + 4 + 11 + 7 + 1 + 3 + 3 = 32.$$

De manière analogue

$$|B| = 1 + 4 + 5 + 3 = 13$$

et

$$|C| = 5 + 26 + 15 + 9 = 55.$$

On a donc

$$P(A) = \frac{|A|}{|\Omega|} = \frac{32}{100}, \quad P(B) = \frac{13}{100}$$

et $$P(C) = \frac{55}{100}.$$

Remarque. — On a $\Omega = A + B + C$ et on constate bien $P(A) + P(B) + P(C) = 1$.

P 24

100 *candidats passent un examen consistant en une épreuve d'Anglais A et une épreuve d'Allemand B. Ces épreuves sont notées de* 0 *à* 2 *et les résultats sont indiqués dans le tableau suivant de la même façon que dans* P 23.

A \ B	2	1	0
2	24	19	10
1	16	12	6
0	9	3	1

Quelles sont les probabilités pour qu'un candidat choisi au hasard :

a) *ait un total de 4 points ;*
b) *ait la moyenne ;*
c) *soit meilleur en Anglais qu'en Allemand ?*

Réponse

$$a)\ \frac{24}{100},\quad b)\ \frac{90}{100},\quad c)\ \frac{35}{100}.$$

P 25

On construit un barrage en lui donnant une hauteur juste suffisante pour supporter le niveau des crues des 75 dernières années écoulées. En supposant qu'il n'y ait pas de variation de climat au cours de la période envisagée, quelle est la probabilité pour que le barrage soit suffisant au cours des 25 premières années qui suivront sa construction ?

Solution

Ω est l'ensemble des $75 + 25 = 100$ années envisagées. L'année qui a la plus forte crue peut être considérée comme tirée au sort selon la loi uniforme. Le barrage est suffisant si l'année tirée est l'une des 75 premières. La probabilité demandée est donc

$$\frac{75}{100} = \frac{3}{4}.$$

P 26

3 *personnes sont choisies au hasard. Quelles sont les probabilités des événements suivants :*

A = (*leurs mois de naissance sont tous différents*).
B = (*elles sont nées le même mois*).
C = (2 *sont nées le même mois et la troisième un autre mois*).

Solution

On peut considérer qu'il s'agit de 3 tirages non exhaustifs dans l'ensemble $E = \{1, 2, \ldots, 12\}$ formé par les 12 mois de l'année. On a donc $\Omega = E^3$.

A est formé des triples (i, j, k) avec $i \neq j$, $i \neq k$ et $j \neq k$. On a $|A| = 12 \times 11 \times 10$ (12 choix pour i, 11 pour j une fois i choisi, 10 pour k une fois i et j choisis). Donc

$$P(A) = \frac{|A|}{|\Omega|} = \frac{110}{144}.$$

B est formé des triples (i, i, i), donc $|B| = 12$ et $P(B) = \dfrac{1}{144}$.

C se compose :

des triples (i, j, j) avec $i \neq j$ au nombre de 12×11,
des triples (i, j, i) avec $i \neq j$ au nombre de 12×11,
des triples (i, i, j) avec $i \neq j$ au nombre de 12×11,

donc $|C| = 3 \times 12 \times 11$ et $P(C) = \dfrac{33}{144}$.

P 27

On effectue r tirages non exhaustifs dans l'ensemble des entiers de 1 à 10. Quelle est la probabilité p pour que les nombres tirés soient tous distincts ?

Réponse

$$p = \frac{10 \times 9 \times \cdots \times (10 - r + 1)}{10^r} \quad \text{pour} \quad r \leqslant 10$$

$$p = 0 \quad \text{pour} \quad r > 10.$$

P 28

Un grand carré étant divisé en 9 petits, on tire 3 fois non exhaustivement l'un de ces petits carrés. Calculer les probabilités des événements suivants :

A = (*les 3 petits carrés appartiennent à une même colonne*) ;
B = (*ils appartiennent à une même ligne ou à une même colonne*) ;
C = (*ils appartiennent à 3 lignes et 3 colonnes distinctes*).

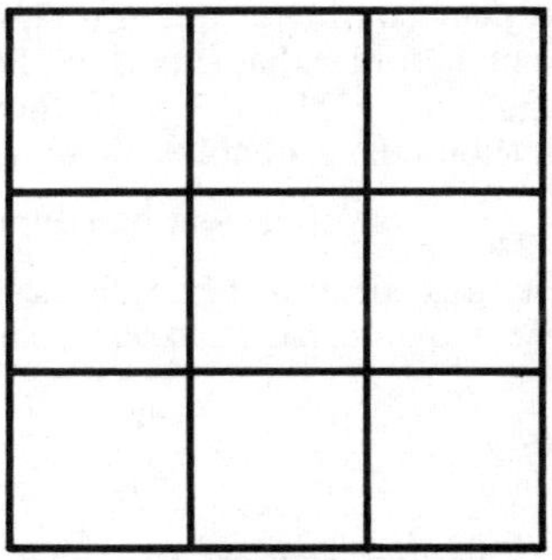

P 1.28.

Réponse

$$P(A) = \frac{1}{9},\quad P(B) = \frac{1}{9} + \frac{1}{9} - \frac{1}{81},\quad P(C) = \frac{4}{81}.$$

P 29

On tire au hasard un paquet de 5 cartes dans un jeu de 52. Quelle est la probabilité de A = (les 5 cartes sont d'une même couleur) ?

Solution

Soit E l'ensemble des 52 cartes. On a

$$\Omega = \{ \omega \subset E ; \ | \omega | = 5 \} .$$

Soient E_1, E_2, E_3, E_4 les sous-ensembles de E formés par les piques, les cœurs, les carreaux et les trèfles et les événements :

$$A_i = \{ \omega \in \Omega ; \ \omega \subset E_i \} =$$
$$= (\text{les 5 cartes sont de couleur } E_i) .$$

On a $A = A_1 + A_2 + A_3 + A_4$.

Les égalités $| A_i | = \binom{13}{5}$ et $| \Omega | = \binom{52}{5}$ entraînent alors

$$P(A) = \frac{4 \times \binom{13}{5}}{\binom{52}{5}} = 0{,}001\,98 .$$

P 30 *Dans une course de 24 chevaux, quelle est la probabilité qu'a un parieur d'indiquer les 3 premiers dans l'ordre de classement s'il ne sait rien sur la force des chevaux ? La réponse suppose-t-elle que les divers chevaux aient la même chance de gagner ?*

Solution

Comme le parieur ne sait rien sur la force des chevaux, on peut considérer que son choix équivaut à 3 tirages au hasard exhaustifs dans l'ensemble E des 24 chevaux. Il y a $24 \times 23 \times 22$ choix possibles et un seul est le bon. La probabilité demandée est donc $\frac{1}{24 \times 23 \times 22}$. Ce raisonnement ne suppose pas que les divers chevaux aient la même chance de gagner, mais seulement que le parieur fasse son choix « au hasard ».

P 31 *Une urne contient* 10 *boules numérotées de* 1 *à* 10. *On tire successivement et exhaustivement* 5 *boules de l'urne. Quelle est la probabilité pour que les boules aient été tirées dans l'ordre des numéros croissants ? Que devient cette probabilité si l'on suppose que l'urne contienne* 100 *numéros numérotés de* 1 *à* 100 ?

Solution

Considérons l'ensemble formé par les 5 boules tirées. L'ordre des tirages constitue une permutation de ces 5 boules. Ces permutations sont au nombre de 5 ! et ont toutes la même probabilité. Une seule correspond à l'ordre des numéros croissants. La probabilité de tomber sur elle est $\frac{1}{5\,!} = \frac{1}{120}$. C'est la probabilité demandée et elle ne dépend pas du nombre des boules initialement dans l'urne.

P 32 *Calculer* $\binom{10}{n}$ *pour les diverses valeurs de n en appliquant la méthode du triangle arithmétique.*

Solution

On écrit successivement les 10 premières lignes du triangle arithmétique et la dernière ligne représente la suite

$$\binom{10}{0} \binom{10}{1} \cdots \binom{10}{9} \binom{10}{10}$$

1	1									
1	2	1								
1	3	3	1							
1	4	6	4	1						
1	5	10	10	5	1					
1	6	15	20	15	6	1				
1	7	21	35	35	21	7	1			
1	8	28	56	70	56	28	8	1		
1	9	36	84	126	126	84	36	9	1	
1	10	45	120	210	252	210	120	45	10	1.

C'est ainsi que l'on a $\binom{10}{4} = 210$.

P 33 10 *conseillers se partagent en* 3 *comités A, B et C de sorte que* 2 *conseillers aillent dans le comité A,* 3 *autres dans le comité B et les* 5 *restants dans le comité C. De combien de façons cela est-il possible ?*

En supposant que ce partage se fasse par tirage au sort, quelle est la probabilité pour que 2 *conseillers donnés a et b appartiennent au même comité ?*

Solution

Il y a $\binom{10}{2}$ façons de constituer le comité A. Ce dernier étant choisi, il y a $\binom{8}{3}$ façons de constituer B. Il y a donc $\binom{10}{2}\binom{8}{3}$ façons de constituer les comités A et B. Mais alors C est constitué. On peut donc constituer les comités A, B et C de

$$\binom{10}{2}\binom{8}{3} = 2\,520 \text{ façons} .$$

On prend pour Ω l'ensemble de tous ces partages. Donc $| \Omega | = 2\,520$.

Le tirage au sort se fait selon la loi uniforme sur Ω.

L'événement $E = (a$ et b sont du même comité) s'écrit

$$E = E_A + E_B + E_C$$

où $E_A = (a$ et b font partie de $A)$, E_B et E_C étant définis de façons analogue. On a sans peine :

$$|E_A| = \binom{8}{3} = 56$$

$$|E_B| = \binom{8}{1} \times \binom{7}{2} = 168$$

$$|E_C| = \binom{8}{3} \times \binom{5}{2} = 560 .$$

(Par exemple un partage favorable à E_C s'obtient en choisissant les 3 conseillers autres que a et b qui participeront à C, puis les 2 membres de A parmi les 5 restants.)

D'où : $|E| = 56 + 168 + 560 = 784$ et

$$P(E) = \frac{784}{2\,520} = 0{,}311 .$$

P 34 *Dans une assemblée de N personnes on choisit un comité de s personnes et un président dans ce comité. De combien de façons cela est-il possible ?*

Réponse

$$s\binom{N}{s} .$$

P 35 *Au comptoir d'un bar il y a 7 places alignées. 3 personnes s'y assoient au hasard. Quelle est la probabilité p pour qu'aucunes d'entre elles ne soient côte à côte ?*

Réponse

$$p = \frac{10}{\binom{7}{3}} = \frac{2}{7} .$$

1.4. Loi hypergéométrique

Soit une urne contenant a boules blanches et b boules noires. On en tire exhaustivement n boules $(1 \leqslant n \leqslant a + b)$. Soit X le nombre des boules blanches dans le lot tiré. Si l'entier k vérifie

$$\operatorname{Sup}(0, n - b) \leqslant k \leqslant \operatorname{Inf}(a, n) ,$$

on a :

$$P(X = k) = \frac{\binom{a}{k}\binom{b}{n-k}}{\binom{a+b}{n}} .$$

Remarque. — Cette égalité est vraie pour toute valeur de k à condition de poser $\binom{c}{l} = 0$ pour $l < 0$ ou $l > c$.

Problèmes

P 36 *Une boîte contient 20 pièces d'équipement dont 5 sont défectueuses. On y prend au hasard un lot de 3 pièces. Quelles sont les probabilités des événements :*

$A =$ (le lot a au moins une pièce mauvaise)

$B =$ (le lot a au moins 2 pièces mauvaises) ?

Solution

Soit X le nombre des pièces mauvaises du lot. On a

$$P(X = k) = \frac{\binom{5}{k}\binom{15}{3-k}}{\binom{20}{3}} \quad \text{pour} \quad 0 \leqslant k \leqslant 3 .$$

On a $A^c = (X = 0)$, d'où

$$P(A) = 1 - P(X = 0) = \frac{685}{1\,140} .$$

L'égalité $A = B + (X = 1)$ entraîne :

$$P(B) = P(A) - P(X = 1) = \frac{160}{1\,140} .$$

P 37 *200 pièces d'équipement dont 7 sont défectueuses sont réparties en 20 boîtes de 10. Soit X le nombre des pièces défectueuses contenues dans la première boîte.*

Calculer $P(X = k)$ pour les diverses valeurs de k.

Calculer $P(X \geqslant 2)$.

Réponse

$$P(X = k) = \frac{\binom{7}{k}\binom{193}{10-k}}{\binom{200}{10}} \quad \text{pour} \quad 0 \leqslant k \leqslant 7$$

et $P(X = k) = 0 \quad$ pour $\quad k \geqslant 8$,

$P(X \geqslant 2) = 0{,}041$.

P 38 *Démontrer sans calculs l'égalité :*

$$\binom{N}{0}^2 + \binom{N}{1}^2 + \cdots + \binom{N}{N}^2 = \binom{2N}{N} .$$

Solution

Dans une urne contenant N boules blanches et N boules noires, on tire un lot de N boules et on note X le nombre des boules blanches du lot. On a pour $0 \leqslant k \leqslant N$:

$$P(X = k) = \frac{\binom{N}{k}\binom{N}{N-k}}{\binom{2N}{N}} = \frac{\binom{N}{k}^2}{\binom{2N}{N}}.$$

L'égalité

$$\Omega = (X = 0) + (X = 1) + \cdots + (X = N)$$

permet d'écrire

$$1 = P(X = 0) + \cdots + P(X = N)$$

d'où l'égalité demandée en remplaçant $P(X = k)$ par les valeurs trouvées.

P 39 *Un groupe de 24 personnes comprend 14 hommes et 10 femmes. On choisit au hasard n personnes parmi ces 24. Quelle est la probabilité pour que ce lot comprenne un représentant de chaque sexe ? Quelle est la plus petite valeur que l'on peut donner à n pour que cette probabilité soit supérieure ou égale à* $\frac{9}{10}$?

Solution

Soit l'événement A = (le lot comprend un représentant de chaque sexe) et X le nombre d'hommes compris dans le lot. On a :

$$\Omega = A + (X = 0) + (X = n).$$

La probabilité demandée est donc :

$$p(n) = 1 - P(X = 0) - P(X = n).$$

La loi hypergéométrique permet d'écrire :

$$P(X = 0) = \frac{\binom{10}{n}}{\binom{24}{n}} \quad \text{et} \quad P(X = n) = \frac{\binom{14}{n}}{\binom{24}{n}}.$$

On a donc

$$p(n) = 1 - \frac{\binom{10}{n} + \binom{14}{n}}{\binom{24}{n}}.$$

Cette probabilité augmente évidemment avec n. Il faut trouver la plus petite valeur de n telle que l'on ait :

$$\binom{10}{n} + \binom{14}{n} \leqslant \frac{1}{10}\binom{24}{n}.$$

On constate qu'elle est réalisée à partir de $n = 5$. Il faut donc que le lot comprenne au moins 5 personnes.

P 40 *Un commerçant réceptionne un lot de 100 pièces d'équipement. Il désire refuser ce lot lorsque celui-ci contient au moins 5 pièces défectueuses. Pour cela il examine n pièces du lot et le refuse si parmi ces n pièces il en trouve une défectueuse. Etant donné un nombre* $\varepsilon > 0$, *indiquer la plus petite valeur qu'il faut donner à n pour que la probabilité d'accepter le lot alors qu'il faudrait le refuser soit* $\leqslant \varepsilon$.

Réponse

n est le plus petit entier tel que :

$$\binom{95}{n} \leqslant \varepsilon \binom{100}{n}.$$

P 41 *Un conseil municipal comprend 4 conservateurs, 3 libéraux et 2 indépendants. On tire au sort une délégation de 4 membres. Calculer les probabilités des événements suivants :*

A = (*les 2 indépendants font partie de la délégation*)

B = (*la délégation comporte 2 conservateurs, 1 libéral et 1 indépendant*)

C = (*la délégation comporte un membre de chaque nuance*).

Solution

Notons X, Y et Z les nombres des conservateurs, des libéraux et des indépendants que comporte la délégation. On a $A = (Z = 2)$ et $P(A)$ est donné par la loi hypergéométrique (un indépendant est une boule blanche, un conservateur ou un libéral une boule noire), soit :

$$P(A) = \frac{\binom{2}{2}\binom{7}{2}}{\binom{9}{4}} = \frac{1}{6}.$$

Soit E l'ensemble des membres du conseil municipal. $\Omega = \{\omega \subset E ; |\omega| = 4\}$ est l'ensemble des délégations possibles. Le tirage au sort s'y effectue selon la loi uniforme. Soient x, y et z trois entiers vérifiant :

$$0 \leqslant x \leqslant 4, \quad 0 \leqslant y \leqslant 3, \quad 0 \leqslant z \leqslant 2$$

et

$$x + y + z = 4.$$

Le nombre des cas favorables à

$$B_{xyz} = (X = x \text{ et } Y = y \text{ et } Z = z)$$

est $\binom{4}{x}\binom{3}{y}\binom{2}{z}$ On a donc :

$$P(B_{xyz}) = \frac{\binom{4}{x}\binom{3}{y}\binom{2}{z}}{\binom{9}{4}}.$$

L'égalité $B = B_{2,1,1}$ permet d'écrire $P(B) = \frac{2}{7}$ et $C = B_{2,1,1} + B_{1,2,1} + B_{1,1,2}$ donne $P(C) = \frac{4}{7}$.

1.5 Autres lois uniformes

On peut encore définir une loi uniforme dans les 3 cas suivants :

1) Ω est une courbe de longueur finie (par exemple un cercle). Pour $A \subset \Omega$, on note $\mu(A)$ la longueur de A.

2) Ω est une surface d'aire finie (par exemple une sphère). Pour $A \subset \Omega$, on note $\mu(A)$ l'aire de A.

3) Ω est une région de l'espace de volume fini (par exemple un cube). Pour $A \subset \Omega$, on note $\mu(A)$ le volume de A.

En considérant Ω comme un solide homogène (c.-à-d. de densité constante) de masse 1, la loi de probabilité correspondante P est dite la **loi uniforme** sur Ω. La probabilité $P(A)$ ne dépend ni de la position de A, ni de sa forme, mais seulement de sa grandeur. On a :

$$P(A) = \frac{\mu(A)}{\mu(\Omega)}.$$

En particulier, si A n'a qu'un nombre fini de points, $P(A) = 0$.

C'est à cette loi uniforme que l'on fait allusion lorsque l'on parle, sans préciser, d'un point choisi au hasard dans Ω.

Problèmes

P 42 **Paradoxe de Bertrand.** — *Sur un cercle Γ de centre O et de rayon R, on choisit une corde AB et on considère l'événement E = (la longueur AB est supérieure à la longueur du côté d'un triangle équilatéral inscrit dans Γ). Calculer $P(E)$ dans les 3 cas suivants :*

a) *On tire AB au sort en choisissant le milieu M de AB sur la surface du disque limité par Γ.*

b) *M étant le milieu de AB, on choisit au hasard la longueur OM avec la loi uniforme sur $[\![0, R]\!]$.*

c) *On se donne A et on choisit B au hasard sur le cercle Γ avec la loi uniforme sur cette courbe.*

Solution

On a :

$$(1) \qquad E = \left(OM < \frac{R}{2}\right).$$

a) Ω est le disque de centre O et de rayon R. L'égalité (1) montre que E s'identifie au disque de centre O et de rayon $\frac{R}{2}$. Le rapport des 2 aires est $\frac{1}{4}$, donc $P(E) = \frac{1}{4}$.

b) Ω est maintenant le segment $[\![0, R]\!]$. L'égalité (1) montre que E s'identifie au segment $\left[\!\left[0, \frac{R}{2}\right[\!\right[$. Le rapport des 2 longueurs est $\frac{1}{2}$, donc $P(E) = \frac{1}{2}$.

c) Soit $AA'A''$ le triangle équilatéral de sommet A inscrit dans le cercle Γ. Ω s'identifie à Γ et E est réalisé lorsque B appartient à l'arc du cercle Γ d'extrémités A et A' et contenant A''. Donc E s'identifie à cet arc de cercle. Le rapport des 2 longueurs étant $\frac{2}{3}$, on a $P(E) = \frac{2}{3}$.

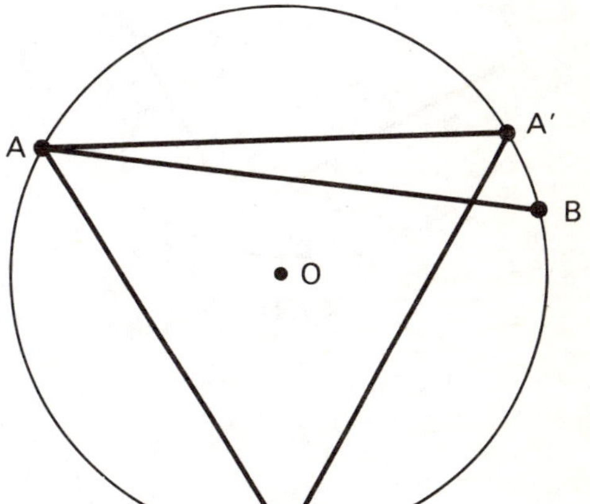

P 1.42.

Remarque. — Le paradoxe de Bertrand consiste en ce que les résultats donnés en *a*), *b*) et *c*) sont différents. Cela vient de ce que la loi du tirage au sort de AB diffère dans les 3 cas. On ne peut donc définir une telle loi en disant sans plus « on choisit au hasard une corde AB d'un cercle Γ ».

P 43 *Ω étant une boule de centre O et de rayon R (ensemble des points de l'espace dont la distance à O est inférieure à R), on choisit au hasard un point M dans Ω. Indiquer, selon les diverses valeurs du nombre x, la probabilité $P(OM < x)$.*

Réponse

$$P(OM < x) = 0 \quad \text{si} \quad x \leqslant 0\,,$$

$$P(OM < x) = \left(\frac{x}{R}\right)^3 \quad \text{si} \quad 0 \leqslant x \leqslant R\,.$$

$$P(OM < x) = 1 \quad \text{si} \quad R \leqslant x\,.$$

P 44 *Ω étant un disque de centre O, on choisit un point M au hasard sur Ω et on construit le carré de centre O ayant M pour milieu d'un des côtés.*

Quelle est la probabilité p pour que ce carré soit contenu dans le disque Ω ?

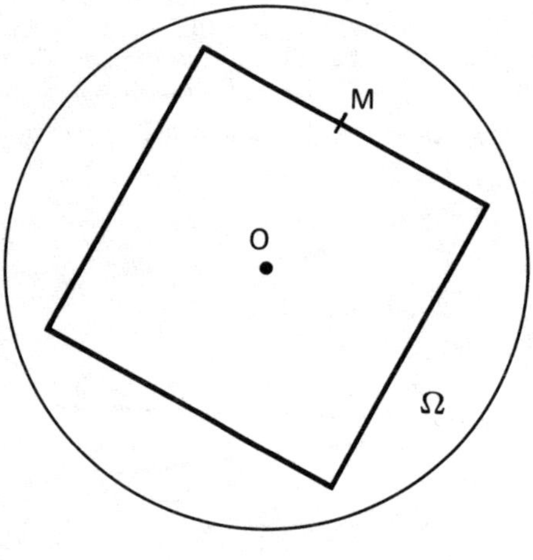

P 1.44.

Réponse

$$p = \frac{1}{2}\,.$$

P 45 *Sur la surface Ω d'un carré $ABCD$ on choisit au hasard un point M. Quelle est la probabilité p pour que le rectangle $AIMJ$ (dont A et M sont 2 sommets opposés) ait un périmètre inférieur à AB ?*

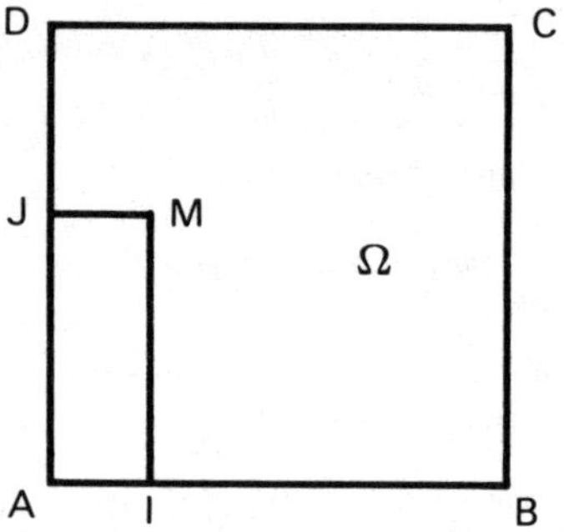

P 1.45.

Réponse

$$p = \frac{1}{8}\,.$$

2. Probabilités conditionnelles Evénements indépendants

2.1 Probabilités conditionnelles. Formule de Bayes

Soient un espace de probabilité (Ω, P) et 2 événements A et B définis sur cet espace avec $P(A) \neq 0$. Le nombre, noté P (B si A) ou $P(B \mid A)$, défini par l'égalité

$$P(B \mid A) = \frac{P(A \cap B)}{P(A)}$$

représente la probabilité de B lorsque l'on sait que A est réalisé. La correspondance qui, à tout événement $B \subset \Omega$, associe $P(B \mid A)$, est une nouvelle loi de probabilité sur Ω (loi conditionnelle). On a la **formule de Bayes :**

$$P(A \text{ et } B) = P(A)\,P(B \mid A) = P(B)\,P(A \mid B)\,.$$

Problèmes

P 1

On reprend les données de 1.3 **P 23**. *Un élève étant choisi au hasard parmi les 100, on constate que, du premier au second examen, sa note a augmenté. Quelle est la probabilité pour que sa note ait été 1 au premier examen ?*

Solution

Soient A = (la note a augmenté) et E = (la note a été 1 au 1er examen). Il y a $4 + 3 = 7$ élèves qui ont eu 1 au 1er examen et une note $\geqslant 2$ au second. On a donc $\mid A \cap E \mid = 7$ et $P(A \cap E) = \frac{7}{100}$. On a, d'autre part, $P(A) = \frac{32}{100}$. La probabilité demandée est donc :

$$P(E \mid A) = \frac{P(A \cap E)}{P(A)} = \frac{7}{32}\,.$$

P 2

On reprend les données de 1.3 **P 23**. *On constate qu'un élève tiré au sort a eu les mêmes notes au premier et au second examen. Quelle est la probabilité p pour qu'il n'ait pas eu la moyenne au premier examen ?*

Réponse

$$p = \frac{5}{55}\,.$$

P 3

Un secrétaire a 9 tiroirs. Une lettre a la probabilité $\frac{1}{2}$ de se trouver dans le secrétaire et, si elle se trouve dans le secrétaire, elle a des chances égales de se trouver dans l'un quelconque des 9 tiroirs. Quelle est la probabilité p pour que la lettre se trouve dans le 9e tiroir ?

On ouvre en vain les 8 premiers tiroirs. Quelle est la probabilité q pour que la lettre se trouve dans le 9e tiroir ?

Solution

Soient les événements :

A = (la lettre est dans le secrétaire)

B_i = (la lettre est dans le i-ième tiroir) .

Par hypothèse, $P(B_i \mid A)$ est un nombre λ qui ne dépend pas de i. L'égalité $B_i = A \cap B_i$ entraîne

$$P(B_i) = P(A)\,P(B_i \mid A) = \lambda P(A) = \frac{\lambda}{2}\,.$$

L'égalité $A = B_1 + B_2 + \cdots + B_9$ entraîne $P(A) = \frac{9\,\lambda}{2}$, d'où $\lambda = \frac{1}{9}$ et $P(B_i) = \frac{1}{18}$. Donc $p = \frac{1}{18}$.

L'événement C = (on a ouvert en vain les 8 premiers tiroirs) s'écrit $C = A^c + B_9$. On a donc :

$$q = P(B_9 \mid C) = \frac{P(C \cap B_9)}{P(C)} = \frac{P(B_9)}{P(A^c) + P(B_9)}$$

$$= \frac{\frac{1}{18}}{\frac{1}{2} + \frac{1}{18}} = \frac{1}{10}\,.$$

On remarquera l'inégalité $q > p$.

P 4

Dans une assemblée de N personnes on choisit un comité de s personnes et un président parmi les membres de ce comité. Sachant qu'une certaine personne de l'assemblée n'est pas présidente du comité, quelle est la probabilité p pour qu'elle en fasse cependant partie ?

Réponse

$$p = \frac{s-1}{N-1}.$$

P 5 *Deux parisiens décident de partir en week-end, l'un en Bretagne, l'autre en Provence. Le vendredi la météo annonce qu'il fait beau en Bretagne et mauvais en Provence. On admet que, lorsqu'il fait mauvais temps, la probabilité pour qu'il fasse beau le jour suivant est 0,1 en Bretagne et 0,5 en Provence et que, lorsqu'il fait beau, la probabilité pour qu'il fasse mauvais le lendemain est 0,3 en Bretagne et 0,1 en Provence. Quel est celui des 2 parisiens qui a le plus de chances d'avoir beau temps au cours du week-end (c.-à-d. le samedi et le dimanche) ? Quel est celui des 2 qui a le plus de chances d'avoir beau temps le dimanche ?*

Solution

Posons S = (il fait beau le samedi) et D = (il fait beau le dimanche).

On a, pour la Bretagne :

$$P(S \cap D) = P(S)\,P(D \mid S) = P(\text{le temps reste beau}) \times P(\text{le temps reste beau}) = 0{,}7 \times 0{,}7 = 0{,}49$$

et $D = (S \cap D) + (S^c \cap D)$ permet d'écrire :

$$\begin{aligned} P(D) &= P(S \cap D) + P(S^c)\,P(D \mid S^c) \\ &= 0{,}49 + (0{,}3 \times 0{,}1) = 0{,}52\,. \end{aligned}$$

De manière analogue on a, pour la Provence :

$$P(S \cap D) = P(S)\,P(D \mid S) = P(\text{le temps devient beau}) \times P(\text{le temps reste beau}) = 0{,}5 \times 0{,}9 = 0{,}45\,,$$

$$\begin{aligned} P(D) &= P(S \cap D) + P(S^c)\,P(D \mid S^c) \\ &= 0{,}45 + (0{,}5 \times 0{,}5) = 0{,}70\,. \end{aligned}$$

La probabilité $P(S \cap D)$ pour qu'il fasse beau au cours du week-end est donc plus forte en Bretagne qu'en Provence, mais la probabilité $P(D)$ pour qu'il fasse beau le dimanche est plus forte en Provence qu'en Bretagne.

P 6 *Une urne contient 2 boules blanches et 4 noires. On tire ces boules au hasard, successivement et sans les remettre jusqu'à ce que l'on ait retiré les 2 blanches. Quelle est la probabilité pour que l'on effectue en tout 4 tirages ?*

Solution

Soit A = (au bout de 3 tirages on a retiré 1 blanche et 2 noires) et B = (on effectue en tout 4 tirages).

On a $B = A \cap B$, d'où $P(B) = P(A)\,P(B \mid A)$. La loi hypergéométrique permet d'écrire :

$$P(A) = \frac{\binom{2}{1}\binom{4}{2}}{\binom{6}{3}} = \frac{3}{5}.$$

D'autre part $P(B \mid A) = \frac{1}{3}$. La probabilité demandée est donc $P(B) = \frac{1}{5}$.

2.2. Evénements indépendants

Deux événements A et B définis sur le même espace de probabilité (Ω, P) sont dits **indépendants** si on a :

$$P(A \cap B) = P(A)\,P(B)\,.$$

Lorsque $P(A) \neq 0$, ceci équivaut à $P(B \mid A) = P(A)$, c.-à-d. que la probabilité de B n'est pas affectée par la réalisation de A.

Un événement B est dit **indépendant de la famille d'événements** $\{A_1, \ldots, A_n\}$ s'il est indépendant de tout événement A que l'on peut définir au moyen des événements $A_1, \ldots, A_n$, des signes $\cap$, $\cup$ et de complémentation (par exemple

$$A = A_1 \cap [(A_2 \cup A_3^c) \cup A_4])\,.$$

Des événements $A_1, \ldots, A_n$ sont dits **indépendants dans leur ensemble** (ou simplement **indépendants**) si chaque A_i est indépendant de la famille

$$\{A_1, \ldots, A_{i-1}, A_{i+1}, \ldots, A_n\}$$

formée par tous les autres.

On notera que les événements $A_1, \ldots, A_n$ peuvent être indépendants 2 à 2 sans être indépendants dans leur ensemble. Si les événements $A_1, \ldots, A_n$ sont indépendants (dans leur ensemble), on a :

$$P(A_1 \cap A_2 \cap \ldots \cap A_n) = P(A_1)\,P(A_2) \ldots P(A_n)\,.$$

Problèmes

P 7 *On place dans une urne 4 billets notés respectivement :*

110 101 011 000

On tire au sort un billet dans l'urne et on considère les événements :

$$A_i = (\text{le i-ième chiffre du billet est } 1)\,.$$

Les événements A_1, A_2 et A_3 sont-ils indépendants 2 à 2 ? Sont-ils indépendants dans leur ensemble ?

Solution

On a les égalités $P(A_1) = \frac{1}{2} = P(A_2) = P(A_3)$ et $P(A_1 \cap A_2) = \frac{1}{4} = P(A_1 \cap A_3) = P(A_2 \cap A_3)$. Les événements A_1, A_2 et A_3 sont donc indépendants 2 à 2. Mais $P(A_1 \cap A_2 \cap A_3) = 0 \neq P(A_1)\,P(A_2)\,P(A_3)$ montre que A_1, A_2 et A_3 ne sont pas indépendants dans leur ensemble.

P 8

5 événements E_1, E_2, F_1, F_2 et F_3 vérifient les relations suivantes :

$$\Omega = E_1 + E_2 = F_1 + F_2 + F_3$$

$$P(E_1 \cap F_1) = \frac{1}{8} \quad P(E_1 \cap F_2) = \frac{1}{12}$$

$$P(E_1 \cap F_3) = \frac{1}{24}.$$

Pour tout i et tout j, E_i est indépendant de F_j. Calculer les différentes valeurs $P(E_i)$ et $P(F_j)$.

Solution

$$E_1 = (E_1 \cap F_1) + (E_1 \cap F_2) + (E_1 \cap F_3)$$

entraîne

$$P(E_1) = P(E_1 \cap F_1) + P(E_1 \cap F_2) + P(E_1 \cap F_3) = \frac{1}{4}.$$

Donc $$P(E_2) = P(E_1^c) = \frac{3}{4}.$$

Enfin $P(E_1 \cap F_i) = P(E_1)\,P(F_i)$ entraîne :

$$P(F_i) = \frac{P(E_1 \cap F_i)}{P(E_1)},$$

soit

$$P(F_1) = \frac{1}{2}, \quad P(F_2) = \frac{1}{3} \quad \text{et} \quad P(F_3) = \frac{1}{6}.$$

P 9

Les 4 joueurs d'une partie de bridge sont notés S, N, E et O. Lors d'une distribution de cartes on considère les événements :

A = (S n'a pas de trèfles).
B = (N a l'as de carreau).
C = (E a 3 as).

Indiquez sans calcul si ces événements vous semblent 2 à 2 indépendants. Vérifiez par le calcul le résultat que vous venez d'énoncer relativement à B et C.

Solution

Si A est réalisé, les trèfles se répartissent entre N, E et O qui ont donc plus de chances qu'au départ d'avoir des trèfles et donc moins de chances d'avoir des carreaux. On a donc $P(B \mid A) < P(B)$: les événements A et B ne sont pas indépendants. Dire que A est réalisé donne des renseignements sur les couleurs des cartes mais aucun sur leurs valeurs et, comme C ne dépend que des valeurs, A et C sont indépendants.

Si B est réalisé, on est sûr que E n'a pas l'as de carreau et cela diminue les chances pour E d'avoir 3 as. On a donc :

(1) $$P(C \mid B) < P(C)$$

et C n'est pas indépendant de B.

Vérifions par le calcul l'inégalité (1).

La loi hypergéométrique permet d'écrire :

$$P(C) = \frac{\binom{4}{3}\binom{48}{10}}{\binom{52}{13}}$$

$P(C \mid B)$ peut se calculer ainsi : si B est réalisé, N a l'as de carreau et les mains possibles de E sont les sous-ensembles de 13 cartes parmi les 51 restantes. Ces mains possibles ont évidemment toutes la même probabilité et la loi hypergéométrique permet à nouveau d'écrire :

$$P(C \mid B) = \frac{\binom{3}{3}\binom{48}{10}}{\binom{51}{13}}.$$

L'inégalité (1) s'écrit alors :

$$\frac{\binom{3}{3}\binom{48}{10}}{\binom{52}{13}} < \frac{\binom{4}{3}\binom{48}{10}}{\binom{51}{13}}$$

et cette dernière inégalité se vérifie sans peine.

P 10

Soient a, b et N trois entiers strictement positifs tels que N soit divisible par a et par b. On choisit au hasard un nombre ω dans $\Omega = \{1, 2, \ldots, N\}$ et on considère les 2 événements :

A = (ω est divisible par a).
B = (ω est divisible par b).

A quelle condition A et B sont-ils indépendants ?

Solution

Soient $\alpha = \frac{N}{a}$ et $\beta = \frac{N}{b}$. On a : $A = \{a, 2a, \ldots, \alpha a\}$, donc $|A| = \alpha$ et $P(A) = \frac{|A|}{|\Omega|} = \frac{\alpha}{N} = \frac{1}{a}$. De même

$$P(B) = \frac{1}{b}.$$

Désignons par c le plus petit commun multiple de a et de b. On a :

$$A \cap B = (\omega \text{ est divisible par } a \text{ et } b) = $$
$$= (\omega \text{ est divisible par } c)\,.$$

On a donc $P(A \cap B) = \frac{1}{c}$.

L'égalité $P(A \cap B) = P(A)\,P(B)$ équivaut alors à $c = ab$. Mais pour que ab soit le p.p.c.m. de a et b, il faut et il suffit que a et b soient premiers entre eux. Donc A et B sont indépendants si et seulement si a et b sont premiers entre eux.

2.3. Probabilités des causes

Soit un espace de probabilité (Ω, P) avec

$$\Omega = A_1 + A_2 + \cdots + A_n\,.$$

On a, pour tout événement $B \subset \Omega$:

$$P(B) = P(A_1)\,P(B \mid A_1) + \cdots + P(A_n)\,P(B \mid A_n)\,.$$

Cette égalité permet de calculer $P(B)$ lorsque les nombres $P(A_i)$ et $P(B \mid A_i)$ sont faciles à calculer. C'est en particulier le cas lorsque le tirage au sort dans Ω se fait en 2 temps, les événements A_i (dits les **causes**) décrivant la situation à la fin du premier temps. L'égalité suivante donne la probabilité d'une cause :

$$P(A_1 \mid B) = \frac{P(A_1 \cap B)}{P(B)} = \frac{P(A_1)\,P(B \mid A_1)}{\sum_{1 \leqslant i \leqslant n} P(A_i)\,P(B \mid A_i)}\,.$$

Problèmes

P 11

3 coffres, notés A_1, A_2 et A_3, ont chacun 2 tiroirs et dans chaque tiroir il y a une pièce. Le coffre A_1 contient 2 pièces d'or, A_2 2 pièces d'argent et A_3 une d'or et une d'argent.

1) *On ouvre au hasard l'un des 6 tiroirs et on trouve une pièce d'argent. Quelle est la probabilité pour que l'on ait ouvert un tiroir du coffre A_2 ?*

2) *On ouvre à nouveau et indépendamment de la 1re fois l'un des 6 tiroirs et on trouve encore une pièce d'argent. Quelle est la probabilité pour que l'on ait ouvert les 2 fois le même coffre ?*

Solution

1) On note E = (on trouve une pièce d'argent) et A_i = (le tiroir ouvert appartient à A_i).

La probabilité demandée est $P(A_2 \mid E)$. C'est un problème de probabilité des causes. On a :

$$P(A_1) = P(A_2) = P(A_3) = \frac{1}{3}$$

$$P(E \mid A_1) = 0 \quad P(E \mid A_2) = 1 \quad P(E \mid A_3) = \frac{1}{2}$$

d'où :

$$P(A_2 \mid E) = \frac{P(A_2)\,P(E \mid A_2)}{\sum_{1 \leqslant i \leqslant 3} P(A_i)\,P(E \mid A_i)}$$

$$= \frac{\left(\frac{1}{3}\right) \times 1}{\left(\frac{1}{3} \times 1\right) + \left(\frac{1}{3} \times \frac{1}{2}\right)}$$

$$= \frac{2}{3}\,.$$

2) Notons :

F_{ij} = (le premier tiroir ouvert appartient à A_i et le second à B_j).

F = (les 2 tiroirs appartiennent au même coffre).

G = (on a trouvé les 2 fois une pièce d'argent).

On demande donc de calculer $P(F \mid G)$.

L'égalité $F = F_{11} + F_{22} + F_{33}$ permet d'écrire

$$P(F \mid G) = \sum_{1 \leqslant i \leqslant 3} P(F_{ii} \mid G)\,.$$

On a :

$$P(F_{ii} \mid G) = \frac{P(F_{ii})\,P(G \mid F_{ii})}{P(G)}$$
$$P(G) = \sum_{i,j} P(F_{ij})\,P(G \mid F_{ij})\,.$$

Or, on a :

$$P(F_{ij}) = \left(\frac{1}{3}\right)^2 = \frac{1}{9}$$

$P(G \mid F_{ij}) = P(E \mid A_i)\,P(E \mid A_j)$, d'où :

$P(G \mid F_{ij}) = 0$ si i ou j est égal à 1

$P(G \mid F_{22}) = 1$

$$P(G \mid F_{23}) = P(G \mid F_{32}) = 1 \times \frac{1}{2} = \frac{1}{2}$$

$$P(G \mid F_{33}) = \frac{1}{2} \times \frac{1}{2} = \frac{1}{4}$$

$$\text{et } P(G) = \frac{1}{9}\left(1 + \frac{1}{2} + \frac{1}{2} + \frac{1}{4}\right) = \frac{1}{4}$$

$$P(F_{11} \cap G) = 0 \quad P(F_{22} \cap G) = \frac{1}{9}$$

$$P(F_{33} \cap G) = \frac{1}{36}$$

et la probabilité demandée est :

$$P(F \mid G) = \sum_{1 \leqslant i \leqslant 3} \frac{P(F_{ii} \cap G)}{P(G)} = \frac{\frac{1}{9} + \frac{1}{36}}{\frac{1}{4}} = \frac{5}{9}\,.$$

P 12 *Une urne est remplie de 3 boules blanches ou noires, les couleurs des 3 boules étant tirées chaque fois à pile ou face avec la probabilité $\frac{1}{2}$. On fait n tirages non exhaustifs.*

1) *Quelle est la probabilité pour que, au cours de ces n tirages, on tire n fois de suite une boule blanche ?*

2) *Sachant qu'au cours de ces n tirages on a tiré n fois de suite une boule blanche, quelle est la probabilité pour que l'urne contienne au moins une boule noire ?*

3) *Au cours de 3 tirages non exhaustifs on a tiré 3 fois une boule blanche. Quelle est la probabilité pour que, au cours d'un quatrième tirage, on tire encore une boule blanche ?*

4) *Au cours de 2 tirages non exhaustifs, on tire 2 fois une boule blanche, puis, au cours de 2 tirages exhaustifs, on tire 2 boules blanches. Quelle est la probabilité pour que la 3-ième boule restant dans l'urne soit noire ?*

Solution

On note les événements A_i = (l'urne contient i boules blanches). On a :

$$\Omega = A_0 + A_1 + A_2 + A_3 .$$

Le choix des couleurs se faisant indépendamment avec, chaque fois, la probabilité $\frac{1}{2}$, on a :

$$P(A_0) = P(3 \text{ fois une boule blanche}) = \left(\frac{1}{2}\right)^3 = \frac{1}{8} .$$

De même $P(A_3) = \frac{1}{8}$.

L'égalité

$$P(\Omega) = P(A_0) + P(A_1) + P(A_2) + P(A_3)$$

entraîne alors

$$P(A_1) + P(A_2) = 1 - 2 \times \frac{1}{8} = \frac{3}{4}$$

et comme, manifestement, $P(A_1) = P(A_2)$, on a

$$P(A_1) = P(A_2) = \frac{3}{8} .$$

En résumé, les « causes » ont pour probabilités :

$$P(A_0) = \frac{1}{8}, \quad P(A_1) = P(A_2) = \frac{3}{8}, \quad P(A_3) = \frac{1}{8} .$$

1) On fait n tirages non exhaustifs. Notons alors :

B_n = (on tire n fois de suite une boule blanche) .

Il s'agit de calculer $P(B_n)$. Pour cela introduisons :

C_i = (au cours du i-ième tirage on tire une boule blanche).

On a donc $B_n = C_1 \cap C_2 \cap \dots \cap C_n$.

Contrairement à ce qui peut sembler à première vue, les événements $C_1, \dots, C_n$ ne sont pas indépendants.

En effet, comme on ne sait pas comment l'urne est composée, chaque nouveau tirage renseigne un peu plus sur la composition de l'urne et modifie donc la probabilité de tirer une boule blanche lors du tirage suivant. C'est ainsi que, si les événements $C_1, C_2, \dots, C_{10,000}$ se produisent, il est très probable que les 3 boules de l'urne ont été tirées lors d'un moment quelconque, qu'elles sont donc blanches toutes 3 et, par suite, $C_{10\,001}$ a une probabilité très proche de 1. Par contre, si on sait comment l'urne est composée, les événements C_i deviennent indépendants. On a donc, pour $0 \leqslant j \leqslant 3$:

$$P(B_n \mid A_j) = P(C_1 \mid A_j)\, P(C_2 \mid A_j) \dots P(C_n \mid A_j) = [P(C_1 \mid A_j)]^n$$

d'où

$$P(B_n) = \sum_{0 \leqslant j \leqslant 3} P(A_j)\, [P(C_1 \mid A_j)]^n .$$

Comme on a

$$P(C_1 \mid A_0) = 1 , \; P(C_1 \mid A_1) = \frac{2}{3}, \; P(C_1 \mid A_2) = \frac{1}{3}, \; P(C_1 \mid A_3) = 0 ,$$

on a

$$P(B_n) = \frac{1}{8} + \frac{3}{8}\left(\frac{2}{3}\right)^n + \frac{3}{8}\left(\frac{1}{3}\right)^n .$$

2) La probabilité demandée est

$$P(A_0^c \mid B_n) = 1 - P(A_0 \mid B_n) .$$

On a

$$P(A_0 \mid B_n) = \frac{P(A_0)\, P(B_n \mid A_0)}{P(B_n)} = \frac{P(A_0)}{P(B_n)} = \frac{1}{1 + 3\left(\frac{2}{3}\right)^n + 3\left(\frac{1}{3}\right)^n}$$

et

$$P(A_0^c \mid B_n) = \frac{3\left(\frac{2}{3}\right)^n + 3\left(\frac{1}{3}\right)^n}{1 + 2\left(\frac{2}{3}\right)^n + 3\left(\frac{1}{3}\right)^n} .$$

On remarquera que, lorsque n est très grand, $P(A_0 \mid B_n)$ est très proche de 1, ce qui confirme la remarque faite plus haut.

3) Si B_3 se produit, les diverses compositions de l'urne n'ont plus pour probabilités $\frac{1}{8}, \frac{3}{8}, \frac{3}{8}, \frac{1}{8}$, mais $P(A_i \mid B_3) = p_i$ (pour $0 \leqslant i \leqslant 3$) et la probabilité de tirer une nouvelle fois une boule blanche est

$$p = \sum_{0 \leqslant i \leqslant 3} p_i\, P(C_1 \mid A_i) .$$

Calculons-la

$$p_i = \frac{P(A_i)\,P(B_3 \mid A_i)}{P(B_3)}$$

or

$$P(B_3) = \frac{1}{8} + \frac{3}{8} \times \left(\frac{2}{3}\right)^3 + \frac{3}{8} \times \left(\frac{1}{8}\right)^3 = \frac{1}{4}$$

d'où

$$p_0 = \frac{1}{2}, \quad p_1 = \frac{4}{9}, \quad p_2 = \frac{1}{18} \quad \text{et} \quad p_3 = 0$$

et

$$p = \frac{1}{2} + \left(\frac{4}{9} \times \frac{2}{3}\right) + \left(\frac{1}{18} \times \frac{1}{3}\right) = \frac{22}{27}.$$

4) Soit D l'événement qui consiste à tirer 2 boules blanches de l'urne au cours de 2 tirages exhaustifs. La probabilité demandée est $1 - P(A_0 \mid B_2 \cap D)$. Mais, en posant $E = B_2 \cap D$,

$$P(A_0 \mid E) = \frac{P(A_0)\,P(E \mid A_0)}{\sum_{0 \leqslant i \leqslant 3} P(A_i)\,P(E \mid A_i)}.$$

Or

$$P(E \mid A_i) = P(B_2 \mid A_i)\,P(D \mid A_i)$$

entraîne

$$P(E \mid A_0) = 1,\ P(E \mid A_1) = \left(\frac{2}{3}\right)^2 \times \frac{1}{3} = \frac{4}{27}$$

et $P(E \mid A_2) = P(E \mid A_3) = 0$, d'où

$$P(A_0 \mid E) = \frac{9}{13}$$

et la probabilité demandée est $\frac{4}{13}$.

P 13 *On a 2 pièces de monnaie, l'une ordinaire et l'autre truquée, ses 2 côtés étant des « faces ». On choisit au hasard une pièce et on la lance en l'air 2 fois de suite.*

1) *Quelle est la probabilité p pour que l'on ait face 2 fois ?*

2) *Sachant que l'on a eu face 2 fois, quelles sont les probabilités :*

q pour que la pièce employée soit truquée ?

r pour que l'on ait à nouveau face en lançant la pièce une 3-ième fois ?

Réponse

$$p = \frac{3}{4}, \quad q = \frac{2}{3}, \quad r = \frac{5}{6}.$$

P 14 *Pour acheter une certaine pièce d'équipement P, un industriel s'adresse à 2 fournisseurs A et B. Le fabricant A fournit 75 % des besoins de l'industriel et le pourcentage de pièces défectueuses qu'il fournit est 1 %. Le pourcentage des pièces défectueuses fournies par B est 2 %.*

L'industriel prend une pièce P au hasard dans son stock. Dans le cas où elle est bonne, quelle est la probabilité p pour qu'elle provienne du fournisseur A ? Dans le cas où elle est défectueuse, quelle est la probabilité r pour qu'elle provienne de B ? L'industriel constate qu'elle est défectueuse et s'exclame : « Elle doit provenir de B ». Ce jugement vous semble-t-il valable ?

Réponses

$$p = \frac{297}{395}, \quad r = \frac{2}{5}.$$

Le jugement n'est pas valable : il est plus probable que la pièce défectueuse provienne de A que de B.

2.4. Epreuves répétées

Donnons-nous des espaces de probabilité $(\Omega_1, P_1), \ldots, (\Omega_n, P_n)$ et tirons au sort dans chaque Ω_i un élément ω_i selon la loi P_i, ces tirages étant indépendants entre eux. Il en résulte le tirage au sort de l'élément $\omega = (\omega_1, \ldots, \omega_n)$ dans $\Omega = \Omega_1 \times \cdots \times \Omega_n$. La loi P de ce tirage au sort dans Ω, dite le **produit tensoriel** des lois $P_1, \ldots, P_n$, est notée $P_1 \otimes \cdots \otimes P_n$. Etant donnés des sous-ensembles A_1 de $\Omega_1, \ldots, A_n$ de Ω_n, alors $A = A_1 \times \cdots \times A_n$ est un sous-ensemble de Ω tel que

$$P(A) = P_1(A_1)\,P_2(A_2) \ldots P_n(A_n).$$

Un cas important est celui où l'on a

$$(\Omega_1, P_1) = (\Omega_2, P_2) = \cdots = (\Omega_n, P_n) = (E, Q)$$

c'est-à-dire où l'on tire n fois de suite et indépendamment un élément de E selon la loi Q (épreuve n fois répétée). On note alors $Q^{\otimes n}$ la loi

$$P = Q \otimes Q \otimes \cdots \otimes Q.$$

Dans le cas où E se compose de 2 éléments, par exemple $E = \{$ succès, échec $\}$, le tirage de ω selon la loi $Q^{\otimes n}$ constitue une **alternative répétée** (c'est le cas de n tirages successifs de pile ou face). Dans le cas plus général où E se compose d'un nombre fini r d'éléments, le tirage de ω constitue une **alternative généralisée répétée** (c'est le cas de n lancés successifs d'un dé).

Problèmes

P 15 *Soient des ensembles finis $\Omega_1, \ldots, \Omega_n$. On désigne par P_i la loi uniforme sur Ω_i. Que peut-on dire de la loi*

$$P = P_1 \otimes \cdots \otimes P_n\ ?$$

Solution

Montrons que P est la loi uniforme sur

$$\Omega = \Omega_1 \times \cdots \times \Omega_n .$$

Etant donné l'élément $\omega = (\omega_1, \ldots, \omega_n)$ de Ω, l'égalité $\{\omega\} = \{\omega_1\} \times \cdots \times \{\omega_n\}$ entraîne

$$P(\{\omega\}) = P_1(\{\omega_1\})\, P_2(\{\omega_2\}) \ldots P_n(\{\omega_n\}) = = \frac{1}{|\Omega_1|} \times \frac{1}{|\Omega_2|} \times \cdots \times \frac{1}{|\Omega_n|} = \frac{1}{|\Omega|}.$$

D'où le résultat annoncé.

P 16 *On lance 3 dés simultanément. Calculer la probabilité p d'obtenir 3 fois le même nombre et la probabilité q d'obtenir au moins 2 fois le même nombre.*

Réponses

$$p = \frac{1}{36}, \quad q = \frac{4}{9}.$$

P 17 *Un examen comporte 2 questions A et B. Il y a 3 réponses possibles à la question A et 5 à la question B. Un candidat mal préparé décide de répondre au hasard à chacune des 2 questions.*

Quelle est la probabilité p pour qu'il ait au moins une réponse correcte ?

Quelle est la probabilité q pour qu'il ait au moins une réponse fausse ?

Solution

Soient les événements :

A = (réponse correcte à la question A).
B = (réponse correcte à la question B).
E = (au moins une réponse correcte).
F = (au moins une réponse fausse).

Les égalités $E^c = A^c \cap B^c$ et $F^c = A \cap B$ entraînent

$$1 - P(E) = P(A^c)\, P(B^c) = \frac{2}{3} \times \frac{4}{5}$$

d'où

$$p = P(E) = \frac{7}{15}.$$

De même $1 - P(F) = P(A)\, P(B) = \frac{1}{3} \times \frac{1}{5}$, d'où :

$$q = P(F) = \frac{14}{15}.$$

P 18 *3 pièces de monnaie identiques sont lancées en l'air simultanément et cela 2 fois de suite. Quelle est la probabilité pour que l'on obtienne les 2 fois la même configuration ?*

Solution

En désignant pile par P et face par F, on voit que, si on lance en l'air simultanément les 3 pièces, on peut obtenir les 4 configurations :

$$a = \{P, P, P\}, \quad b = \{P, P, F\}, \quad c = \{P, F, F\}$$

et $d = \{F, F, F\}$ avec les probabilités

$$Q(\{a\}) = \frac{1}{2^3} = \frac{1}{8}, \quad Q(\{d\}) = \frac{1}{8},$$

$$Q(\{b\}) = Q(\{c\}) = = \frac{1}{2}[1 - Q(\{a\}) - Q(\{b\})] = \frac{3}{8}$$

d'où la loi Q sur $E = \{a, b, c, d\}$.

Lancer 2 fois les 3 pièces en l'air revient, au point de vue des configurations, à tirer au sort un élément de $\Omega = E^2$ selon la loi $P = Q^{\otimes 2}$. Dire que l'on obtient 2 fois la même configuration revient à dire que l'on tire l'un des 4 éléments de Ω :

(a, a) de probabilité $\frac{1}{8} \times \frac{1}{8} = \frac{1}{64}$

(b, b) de probabilité $\frac{3}{8} \times \frac{3}{8} = \frac{9}{64}$

(c, c) de probabilité $\frac{9}{64}$

(d, d) de probabilité $\frac{1}{64}$.

La probabilité demandée est donc

$$\frac{1}{64} + \frac{9}{64} + \frac{9}{64} + \frac{1}{64} = \frac{5}{16}.$$

P 19 *On prend 3 dés pipés dont on désigne par p_1, p_2 et p_3 les probabilités d'amener le 6. Calculer la probabilité d'amener au moins un 6 quand on lance les 3 dés simultanément.*

Réponse

$$1 - (1 - p_1)(1 - p_2)(1 - p_3).$$

P 20 *On prend 3 dés truqués A, B et C, A ne comportant que des faces 3, B quatre faces 2 et deux faces 5, C deux faces 1 et quatre faces 4. On lance les 3 dés simultanément et on note X, Y et Z les points amenés par A, par B et par C. Calculer les diverses probabilités :*

$$P(X > Y), P(Y > Z), P(Z > X)$$

et

$$P(X > Y > Z).$$

Réponses

$$P(X > Y) = \frac{2}{3}, \quad P(Y > Z) = \frac{5}{9}, \quad P(Z > X) = \frac{2}{3}$$

et

$$P(X > Y > Z) = \frac{4}{9}.$$

P 21 *On sait qu'une famille de 2 enfants comporte au moins un garçon. Quelle est la probabilité pour qu'elle comporte au moins une fille. (On admettra que la probabilité d'un garçon à la naissance est $\frac{1}{2}$ et que les sexes lors des 2 naissances sont indépendants.) Expliquer l'apparent paradone.*

Solution

Une épreuve ω est la donnée des sexes des 2 enfants dans l'ordre des naissances. Ω est donc composé de 4 éléments (G, G), (G, F), (F, G) et (F, F) et on voit facilement (voir par exemple P 15) que la loi de probabilité sur Ω est la loi uniforme. Soient les événements A = (la famille a au moins un garçon) et B = (la famille a au moins une fille). La probabilité demandée est

$$P(B \mid A) = \frac{P(A \cap B)}{P(B)} = \frac{|A \cap B|}{|B|} = \frac{2}{3}.$$

Un raisonnement superficiel aurait pu laisser croire que cette probabilité est $\frac{1}{2}$: l'un des enfants étant un garçon, dire qu'il y a au moins une fille signifie que l'autre est une fille, or il y a une chance sur 2 pour qu'il en soit ainsi. L'erreur de ce raisonnement est qu'il distingue l'un des 2 enfants dont il affirme qu'il est un garçon. On change alors A par un autre événement A' qui n'est pas le même, par exemple A' = (l'aîné est un garçon). On a bien dans ce cas $P(B \mid A') = \frac{1}{2}$.

P 22 *Un dé est lancé 2 fois de suite. Sachant que l'on a amené 2 nombres distincts, quelle est la probabilité pour que le 1 n'ait jamais été amené ?*

Réponse

$$\frac{2}{3}.$$

P 23 *On découpe les 9 lettres du mot ARABESQUE et on les place dans une urne. On tire 8 fois de suite non exhaustivement l'une de ces lettres. Quelle est la probabilité p pour que l'on tire ainsi dans l'ordre les lettres du mot BRASSEUR ?*

Réponse

$$p = \frac{4}{9^8}.$$

3. Variables aléatoires

3.1. Lois images. Variables aléatoires

Etant donnés 2 ensembles Ω et Ω', on appelle **application** (ou **fonction**) de Ω dans Ω' la donnée X, pour chaque élément ω de Ω, d'un élément $X(\omega)$ de Ω'. Une telle application X est désignée par une flèche $X : \Omega \to \Omega'$.

Etant donnés une telle application et un sous-ensemble E de Ω', on note $X^{-1}(E)$ le sous-ensemble de Ω défini par

$$X^{-1}(E) = \{ \omega \in \Omega ; X(\omega) \in E \} .$$

Supposons que l'on tire au sort un élément ω de Ω selon une loi de probabilité P. L'élément $X(\omega)$ de Ω' (noté simplement X) dépendra du hasard. On dit que X est une **variable aléatoire** définie sur la catégorie d'épreuves Ω, à valeurs dans Ω'. La loi de tirage au sort de l'élément $X(\omega)$ est dite la **loi de la variable aléatoire** X. Elle est notée $\mathcal{L}(X)$, $X(P)$ ou P_X et elle est ainsi définie : Pour $E \subset \Omega'$, on a :

$$P_X(E) = P(X^{-1}(E)) .$$

On dit encore que X **obéit à la loi** $\mathcal{L}(X)$.

En particulier, s'il existe $a \in \Omega'$ tel que $\mathcal{L}(X) = \delta_a$, c'est-à-dire si on a presque sûrement $X(\omega) = a$, la variable aléatoire X est dite **presque certaine** (elle ne dépend pas du hasard).

Le cas le plus important est celui où $\Omega' = \mathbb{R}$. Alors X (qui est un nombre dépendant du hasard) est dit une **variable aléatoire numérique** ou simplement une **variable aléatoire.**

Problèmes

P 1

Soit l'application $X : \mathbb{R} \to \mathbb{R}$ définie par $X(x) = \cos x$. Trouver $X^{-1}(\{ 0 \})$ et $X^{-1}(\mathbb{N})$.

Solution

On a

$$x \in X^{-1}(\{ 0 \}) \Leftrightarrow \cos x = 0 \Leftrightarrow x = n\pi$$

avec $n \in \mathbb{Z}$. D'où

$$X^{-1}(\{ 0 \}) = \{ \ldots, -2\pi, -\pi, 0, \pi, 2\pi, \ldots \} .$$

On a

$$x \in X^{-1}(\mathbb{N}) \Leftrightarrow \cos x = -1, 0 \text{ ou } 1 \Leftrightarrow x = n\frac{\pi}{2}$$

avec $n \in \mathbb{Z}$, d'où

$$X^{-1}(\mathbb{N}) = \left\{ \ldots, -\pi, -\frac{\pi}{2}, 0, \frac{\pi}{2}, \pi, \frac{3\pi}{2}, \ldots \right\} .$$

P 2

Soit l'application $X : \mathbb{R} \to \mathbb{R}$ définie par $X(x) = (x-1)^2$ et $A = [\![-1, 4]\!]$. Trouver $X^{-1}(A)$.

Réponse

$X^{-1}(A) = [\![-1, 3]\!]$.

P 3

Soit une application $X : \Omega \to \Omega'$ et 2 sous-ensembles A et B de Ω'. Parmi les égalités suivantes indiquer celles qui vous semblent valables :

(1) $X^{-1}(A^c) = [X^{-1}(A)]^c$

(2) $X^{-1}(A \cap B) = X^{-1}(A) \cap X^{-1}(B)$

(3) $X^{-1}(A \cup B) = X^{-1}(A) \cup X^{-1}(B)$

(4) $X^{-1}(A + B) = X^{-1}(A) + X^{-1}(B)$.

Solution

Soit $\omega \in \Omega$. On a les équivalences :

$$\omega \in X^{-1}(A^c) \Leftrightarrow X(\omega) \in A^c \Leftrightarrow X(\omega) \notin A \Leftrightarrow \Leftrightarrow \omega \notin X^{-1}(A) ,$$

d'où (1).

$$\begin{aligned} \omega \in X^{-1}(A \cap B) &\Leftrightarrow X(\omega) \in A \cap B \\ &\Leftrightarrow [X(\omega) \in A \text{ et } X(\omega) \in B] \\ &\Leftrightarrow [\omega \in X^{-1}(A) \text{ et } \omega \in X^{-1}(B)] \\ &\Leftrightarrow \omega \in X^{-1}(A) \cap X^{-1}(B) . \end{aligned}$$

D'où (2).

(3) se vérifie de manière analogue.

Pour (4) on remarque que $A \cap B = \varnothing$ entraîne $X^{-1}(A) \cap X^{-1}(B) = \varnothing$. Le signe + à gauche entraîne donc le signe + à droite. Par contre

$$X^{-1}(A) \cap X^{-1}(B) = \varnothing$$

n'entraîne pas $A \cap B = \varnothing$ et le signe + à droite n'entraîne pas le signe + à gauche.

P 4 *Soit $X : \Omega \to \Omega'$. Au sous-ensemble A de Ω on associe le sous-ensemble $X(A)$ formé par les éléments de Ω' de la forme $X(\omega)$ avec $\omega \in A$. Comparer A et $X^{-1}(X(A))$.*

Etant donné $B \subset \Omega'$, comparer B et $X(X^{-1}(B))$.

Solution

Soit $\omega \in \Omega$. Les implications :

$$\omega \in A \Rightarrow X(\omega) \in X(A) \Rightarrow \omega \in X^{-1}(X(A))$$

entraînent $A \subset X^{-1}(X(A))$. Par contre $X^{-1}(X(A))$ n'est en général pas contenu dans A : Prendre $\Omega = \Omega' = \mathbb{R}$ et l'application constante $X(\omega) = 0$ pour tout ω. Pour $A = \{1\}$, on a $X(A) = \{0\}$ et

$$X^{-1}(X(A)) = \mathbb{R} \neq A .$$

Soit $\omega' \in \Omega'$. Les implications :

$$\omega' \in X(X^{-1}(B)) \Rightarrow \exists \omega \in X^{-1}(B) \text{ avec } \omega' = X(\omega) \Rightarrow \omega' \in B$$

entraînent $X((X^{-1}(B)) \subset B$. Par contre B n'est en général pas contenu dans $X(X^{-1}(B))$: X étant défini comme plus haut, prenons $B = \{1\}$. On a

$$X^{-1}(B) = \varnothing ,$$

donc $X(X^{-1}(B)) = \varnothing$ ne contient pas B.

P 5 *$X(A)$ étant défini comme dans* P 4, *comparer les ensembles :*

$$X(A^c) \text{ et } (X(A))^c$$
$$X(A \cap B) \text{ et } X(A) \cap X(B)$$
$$X(A \cup B) \text{ et } X(A) \cup X(B) .$$

Réponses

Pas d'inclusion entre $X(A^c)$ et $[X(A)]^c$.

$$X(A \cap B) \subset X(A) \cap X(B)$$
$$X(A \cup B) = X(A) \cup X(B) .$$

P 6 *Soit Ω un disque de centre O et de rayon 1, Ω' un axe passant par O et X l'application de Ω dans Ω' qui fait correspondre au point ω sa projection orthogonale sur Ω'. On désigne par P la loi uniforme sur la surface du disque Ω. Trouver*

$$p = P_X\left(\left[\!\left[-\frac{1}{2}, \frac{1}{2}\right]\!\right]\right).$$

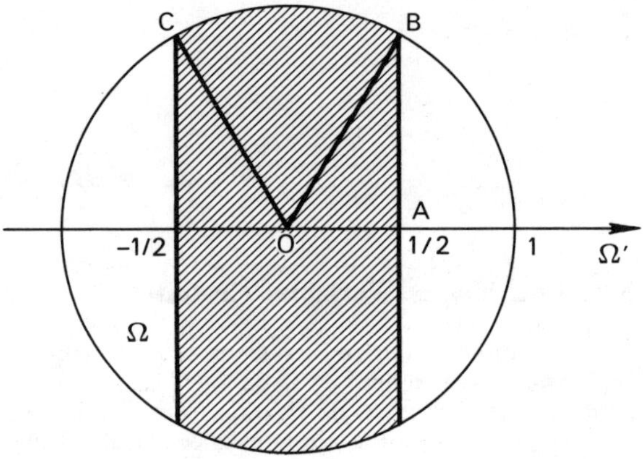

P 3.6.

Solution

$X^{-1}\left(\left[\!\left[-\frac{1}{2}, \frac{1}{2}\right]\!\right]\right)$ est la surface hachurée Ω_1. On a donc

$$p = \frac{\mu(\Omega_1)}{\mu(\Omega)}$$

où $\mu(\Omega_1)$ et $\mu(\Omega)$ désignent les aires de Ω_1 et de Ω.

On a $\mu(\Omega) = \pi$. L'angle $\widehat{AOB}$ valant $\frac{\pi}{3}$, l'aire du triangle AOB vaut $\frac{1}{2} \times \frac{1}{2} \times \sin\frac{\pi}{3} = \frac{\sqrt{3}}{8}$. L'angle $\widehat{BOC}$ valant $\frac{\pi}{3}$, l'aire du secteur $\widehat{BOC}$ vaut $\frac{1}{6}$ aire $\Omega = \frac{\pi}{6}$. On a donc

$$\mu(\Omega_1) = \left(4 \times \frac{\sqrt{3}}{8}\right) + \left(2 \times \frac{\pi}{6}\right) = \frac{\sqrt{3}}{2} + \frac{\pi}{3}$$

et la probabilité demandée est

$$p = \frac{\sqrt{3}}{2\pi} + \frac{1}{3} .$$

P 7 *Ω, Ω' et X étant définis comme dans* P 6, *on désigne par Q la loi de probabilité sur Ω obtenue en choisissant un point au hasard sur le cercle de centre O et de rayon* 1. Trouver

$$Q_X\left(\left[\!\left[-\frac{1}{2}, \frac{1}{2}\right]\!\right]\right) = q .$$

Réponse

$$q = \frac{1}{3} .$$

P 8 *Soit un produit d'ensembles*

$$\Omega = \Omega_1 \times \cdots \times \Omega_n$$

et, pour $1 \leqslant i \leqslant n$, *l'application* $X_i : \Omega \to \Omega_i$ *qui fait correspondre à l'élément* $\omega = (\omega_1, \ldots, \omega_i, \ldots, \omega_n)$ *de* Ω *sa i-ième composante* ω_i.

Pour tout i, on se donne $A_i \subset \Omega_i$. *Que dire de*

$$A = X_1^{-1}(A_1) \cap X_2^{-1}(A_2) \cap \ldots \cap X_n^{-1}(A_n) \ ?$$

On suppose que Ω *est un ensemble fini muni de la loi uniforme P. Que peut-on dire de la loi image*

$$P_i = X_i(P) \ ?$$

Solution

Soit $\omega = (\omega_1, \ldots, \omega_n)$ un élément de Ω. On a les équivalences :

$$\begin{aligned}\omega \in A &\Leftrightarrow (\forall i : \omega \in X_i^{-1}(A_i)) \\ &\Leftrightarrow (\forall i : X_i(\omega) \in A_i) \Leftrightarrow (\forall i : \omega_i \in A_i) \\ &\Leftrightarrow \omega \in A_1 \times A_2 \times \cdots \times A_n .\end{aligned}$$

D'où

$$A = A_1 \times A_2 \times \cdots \times A_n .$$

Supposons Ω fini. Il en est alors de même de chaque Ω_i. Posons $|\Omega_i| = N_i$ et

$$|\Omega| = N = N_1 N_2 \ldots N_n .$$

Soit ω_i un élément de Ω_i. L'égalité évidente

$$X_i^{-1}(\{\omega_i\}) = \Omega_1 \times \cdots \times \Omega_{i-1} + \{\omega_i\} \times \Omega_{i+1} \times \cdots \times \Omega_n$$

entraîne :

$$|X_i^{-1}(\{\omega_i\})| = N_1 \ldots N_{i-1} \times 1 \times N_{i+1} \ldots N_n = \frac{N}{N_i} .$$

On a donc :

$$P_i(\{\omega_i\}) = P[X_i^{-1}(\{\omega_i\})] = \frac{N/N_i}{N} = \frac{1}{N_i}$$

et P_i est donc la loi uniforme sur Ω_i.

P 9 *On se donne 2 applications* $X : \Omega \to \Omega'$ *et* $Y : \Omega' \to \Omega''$, *d'où l'***application composée.** $Z : \Omega \to \Omega''$ *définie par*

$$Z(\omega) = Y(X(\omega)) .$$

Montrer que, si P est une loi de probabilité sur Ω, *on a* $Z(P) = Y(X(P))$.

Quelle est la forme de Z pour $Y = 1_B$?

Solution

Soit $E \subset \Omega''$. Pour $\omega \in \Omega$ on a les équivalences :

$$\begin{aligned}\omega \in Z^{-1}(E) &\Leftrightarrow Y(X(\omega)) \in E \\ &\Leftrightarrow X(\omega) \in Y^{-1}(E) \\ &\Leftrightarrow \omega \in X^{-1}(Y^{-1}(E)) .\end{aligned}$$

D'où :

(1) $$Z^{-1}(E) = X^{-1}(Y^{-1}(E)) .$$

On en déduit :

$$P_Z(E) = P(Z^{-1}(E)) = P[X^{-1}(Y^{-1}(E))] = P_X(Y^{-1}(E)) .$$

Pour tout $E \subset \Omega''$, on a donc

$$P_Z(E) = P_X(Y^{-1}(E)) ,$$

c.-à-d. $P_Z = Y(P_X)$, ou encore

$$Z(P) = Y(X(P)) .$$

Soit $Y = 1_B$ avec $B \subset \Omega'$. Pour $\omega \in \Omega$ on a

$$Z(\omega) = 1_B(X(\omega)) = \begin{cases} 1 \text{ si } X(\omega) \in B \text{ ou } \omega \in X^{-1}(B) \\ 0 \text{ si } X(\omega) \notin B \text{ ou } \omega \notin X^{-1}(B) \end{cases}$$

donc $Z = 1_{X^{-1}(B)}$.

3.2. Lois à plusieurs variables, variables aléatoires indépendantes

Soit un espace de probabilité (Ω, P) et n variables aléatoires $X_1, \ldots, X_n$ définies sur Ω :

$$X_i : \Omega \to \Omega_i \quad (\text{pour } 1 \leqslant i \leqslant n) .$$

On définit alors sur Ω une variable aléatoire Z à valeurs dans $\Omega' = \Omega_1 \times \cdots \times \Omega_n$ en posant, pour tout $\omega \in \Omega$:

$$Z(\omega) = (X_1(\omega), \ldots, X_n(\omega)) .$$

La loi $\mathcal{L}(Z)$ de Z est notée $\mathcal{L}(X_1, \ldots, X_n)$: c'est donc une loi sur $\Omega_1 \times \cdots \times \Omega_n$.

Etant donnés une variable aléatoire $X : \Omega \to \Omega'$, un événement A défini sur Ω est **décrit au moyen de** X si, pour savoir si l'épreuve $\omega \in \Omega$ est favorable ou non à A, il suffit de connaître la valeur $X(\omega)$ prise par X. Pour qu'il en soit ainsi, il faut et il suffit qu'il existe $A' \subset \Omega'$ tel que $A = X^{-1}(A')$. On note $\tau(X)$ l'ensemble des événements qui sont décrits au moyen de X.

Ceci posé, 2 variables aléatoires $X : \Omega \to \Omega'$ et $Y : \Omega \to \Omega''$ définies sur la même catégorie d'épreuves (Ω, P) sont dites **indépendantes** si tout événement appartenant à $\tau(X)$ est indépendant de tout événement appartenant à $\tau(Y)$, soit :

$$[A \in \tau(X) \text{ et } B \in \tau(Y)] \Rightarrow [A \text{ et } B \text{ indépendants}] .$$

Plus généralement, des variables aléatoires $X_1, \dots, X_n$ définies sur la même catégorie d'épreuves (Ω, P) (et à valeurs dans $\Omega_1, \dots, \Omega_n$) sont dites **indépendantes dans leur ensemble** (ou simplement **indépendantes**) si, $A_1, \dots, A_n$ étant des sous-ensembles de Ω tels que chaque A_i appartienne à $\tau(X_i)$, alors $A_1, \dots, A_n$ sont indépendants (dans leur ensemble). Pour qu'il en soit ainsi, il faut et il suffit que l'on ait :

$$\mathcal{L}(X_1, \dots, X_n) = \mathcal{L}(X_1) \otimes \cdots \otimes \mathcal{L}(X_n) .$$

Soit, pour tout i, une application $f_i : \Omega_i \to \Omega_i'$ et la variable aléatoire $Y_i = f_i(X_i) : \Omega \to \Omega_i'$ définie par $Y_i(\omega) = f_i(X_i(\omega))$. Si les variables aléatoires $X_1, \dots, X_n$ sont indépendantes, il en est de même des variables aléatoires $f_1(X_1), \dots, f_n(X_n)$.

Etant donné une variable aléatoire (numérique) X obéissant à une loi P, on appelle **échantillon de taille** n de la variable X (ou de la loi P) la donnée $(X_1, \dots, X_n)$ d'une suite de variables aléatoires indépendantes obéissant toutes à la loi P.

Signalons enfin que des variables aléatoires $X_1, \dots, X_n, \dots$ définies sur la même catégorie d'épreuves et formant une suite infinie, sont dites **indépendantes** si, pour tout n, les variables aléatoires $X_1, \dots, X_n$ sont indépendantes.

Problèmes

P 10

Sur l'ensemble $\Omega = \{ 1, 2, \dots, 12 \}$ muni de la loi uniforme, on considère les variables aléatoires X et Y définies par les égalités :

$$X^{-1}(\{ 1 \}) = \{ 2, 4, 9 \} ,$$
$$X^{-1}(\{ 2 \}) = \{ 1, 3, 5, 6, 8, 11 \} ,$$
$$X^{-1}(\{ 3 \}) = \{ 7, 10, 12 \} ,$$
$$Y^{-1}(\{ 1 \}) = \{ 3, 4, 5, 8, 9, 10, 11, 12 \}$$

et

$$Y^{-1}(\{ 2 \}) = \{ 1, 2, 6, 7 \} .$$

Définir les lois $\mathcal{L}(X)$, $\mathcal{L}(Y)$, $\mathcal{L}(X, Y)$.
X et Y sont-elles indépendantes ?

Réponses

$$\mathcal{L}(X) = \frac{1}{4}\delta_1 + \frac{1}{2}\delta_2 + \frac{1}{4}\delta_3$$

$$\mathcal{L}(Y) = \frac{2}{3}\delta_1 + \frac{1}{3}\delta_2$$

$$\mathcal{L}(X, Y) = \frac{1}{6}\delta_{(1,1)} + \frac{1}{12}\delta_{(1,2)} + \frac{1}{3}\delta_{(2,1)} + \frac{1}{6}\delta_{(2,2)} + \frac{1}{6}\delta_{(3,1)} + \frac{1}{12}\delta_{(3,2)}$$

X et Y sont indépendantes.

P 11

L'ensemble $\Omega = \{ 1, 2, 3, 4, 5 \}$ est muni de la loi

$$P = \frac{1}{8}\delta_1 + \frac{1}{8}\delta_2 + \frac{1}{8}\delta_3 + \frac{1}{4}\delta_4 + \frac{3}{8}\delta_5 .$$

On considère sur Ω les variables aléatoires X et Y définies par :

$$X(1) = X(4) = 3 \qquad X(2) = X(3) = 6 \qquad X(5) = 8$$
$$Y(1) = Y(2) = Y(3) = 8 \qquad Y(4) = 6 \qquad Y(5) = 3.$$

Déterminer la loi $\mathcal{L}(X, Y)$.
X et Y sont-elles indépendantes ?

Solution

La variable $Z = (X, Y)$ est telle que $Z(1) = (3,8)$, $Z(2)=(6,8)$, $Z(3)=(6,8)$, $Z(4)=(3,6)$ et $Z(5)=(8,3)$.

On a donc

$$\mathcal{L}(Z) = \frac{1}{8}\delta_{(3,8)} + \frac{1}{4}\delta_{(6,8)} + \frac{1}{4}\delta_{(3,6)} + \frac{3}{8}\delta_{(8,3)} .$$

La confrontation des égalités

$$P(X = 8 \text{ et } Y = 3) = \frac{3}{8}$$

et

$$P(X = 8)\, P(Y = 3) = \left(\frac{3}{8}\right)^2$$

montre que X et Y ne sont pas indépendantes.

P 12

On jette simultanément 2 dés. On note X le nombre des chiffres pairs apparus et Y le maximum des 2 chiffres obtenus. Indiquer la loi $\mathcal{L}(X, Y)$. X et Y sont-elles indépendantes ?

Solution

L'ensemble $\Omega = \{ 1, 2, 3, 4, 5, 6 \}^2$ est muni de la loi uniforme. En notant n_{xy} le nombre des cas favorables à $(X = x$ et $Y = y)$, on aura

$$P(X = x \text{ et } Y = y) = \frac{n_{x,y}}{|\Omega|} = \frac{1}{36} n_{x,y} .$$

La loi $\mathcal{L}(X, Y)$ se déduira donc du tableau des $n_{x,y}$:

x \ y	1	2	3	4	5	6
0	1	0	3	0	5	0
1	0	2	2	4	4	6
2	0	1	0	3	0	5

Ce tableau se détermine sans peine. Par exemple les cas favorables à $(X = 1$ et $Y = 4)$ sont $(4, 1)$,

(4, 3), (1, 4) et (3, 4). Ils sont au nombre de 4, d'où $n_{1,4} = 4$.

Il est facile de voir que X et Y ne sont pas indépendantes. On a, par exemple $P(X = 2 \text{ et } Y = 1) = 0$ alors que

$$P(X = 2) = \sum_{1 \leqslant i \leqslant 6} P(X = 2 \text{ et } Y = i) > 0$$

et

$$P(Y = 1) = \sum_{0 \leqslant i \leqslant 2} P(X = i \text{ et } Y = 1) > 0\,.$$

Donc

$$P(X = 2 \text{ et } Y = 1) \neq P(X = 2)\,P(Y = 1)\,.$$

P 13 *On lance en l'air 2 dés. On désigne par X et par Y le maximum et le minimum des points amenés.*

Déterminer la loi $\mathcal{L}(X, Y)$.

Les variables aléatoires X et Y sont-elles indépendantes ?

Réponses

On a $P(X = x \text{ et } Y = y) = \frac{1}{36} n_{xy}$ où les n_{xy} sont les nombres du tableau :

x \ y	1	2	3	4	5	6
1	1	0	0	0	0	0
2	2	1	0	0	0	0
3	2	2	1	0	0	0
4	2	2	2	1	0	0
5	2	2	2	2	1	0
6	2	2	2	2	2	1

X et Y ne sont pas indépendantes.

3.3. Variables aléatoires discrètes

Soit X une variable aléatoire (numérique). L'étude de la loi $P = \mathcal{L}(X)$ est l'étude d'une loi sur $\mathbb{R}$.

On appelle **fonction de répartition** (ou **cumulative**) de la loi P (ou de la variable aléatoire X) la fonction numérique F définie sur $\mathbb{R}$ par l'égalité :

$$F(x) = P(]\!]-\infty, x]\!]) = P(X \leqslant x)$$

avec

$$]\!]-\infty, x]\!] = \{\, y \in \mathbb{R}\,;\; y \leqslant x \,\}\,.$$

La connaissance de la fonction F entraîne celle de la loi P.

La loi P (ou la variable aléatoire X) est dite **discrète** s'il existe une suite finie $a_1, \dots, a_n$ ou infinie $a_1, \dots, a_n, \dots$ d'éléments de $\mathbb{R}$ telle que X prenne toujours l'une des valeurs $a_1, \dots, a_n$ ou $a_1, \dots, a_n, \dots$

En notant

$$p_i = P(\{\, a_i \,\}) = P(X = a_i)\,,$$

on a

$$p_1 + \cdots + p_n = 1$$

ou

$$p_1 + \cdots + p_n + \cdots = 1 \quad \text{(somme d'une « série »)}\,.$$

Dans l'analogie des masses pour la loi P, ceci correspond au cas où il n'y a que des masses ponctuelles formant une suite, la masse p_i étant placée au point a_i de $\mathbb{R}$. Le cas le plus important est celui où X ne prend que les valeurs $0, 1, \dots, n, \dots$ (la variable aléatoire X est alors dite **entière** ou **arithmétique**). Indiquons 3 exemples de telles variables aléatoires.

3.3.1. Variable aléatoire indicatrice

Soit A un événement défini sur la catégorie d'épreuves (Ω, P). La fonction indicatrice 1_A est une variable aléatoire entière définie sur Ω qui ne peut prendre que les valeurs 0 et 1 et on a :

$$P(1_A = 0) = P(\text{non } A) \quad \text{et} \quad P(1_A = 1) = P(A)\,.$$

3.3.2. Loi binomiale

Etant donné un événement aléatoire S baptisé « succès » de probabilité p, on appelle « échec » son contraire E de probabilité $q = 1 - p$.

Faisons n épreuves indépendantes de l'alternative (Succès-Echec) (alternative répétée). Le nombre X des succès obtenus au cours de ces n épreuves est une variable aléatoire qui ne peut prendre que les valeurs $0, 1, \dots, n$. Sa loi, notée $\mathcal{B}i(n, p)$, est la **loi binomiale.** Elle est définie par les égalités :

$$P(X = k) = \binom{n}{k} p^k (1-p)^{n-k} \quad \text{pour} \quad 0 \leqslant k \leqslant n\,.$$

3.3.3. Loi de Poisson

Etant donné un nombre $\lambda > 0$, on appelle **loi de Poisson de paramètre λ** et on désigne par $\mathcal{P}o(\lambda)$ la loi d'une variable aléatoire X pouvant prendre les valeurs $0, 1, \dots, n, \dots$ avec les probabilités :

$$P(X = k) = \mathrm{e}^{-\lambda} \frac{\lambda^n}{n\,!} \quad (^1)\,.$$

Si $X_1, \dots, X_n$ sont des variables de Poisson indépendantes, X_i obéissant à la loi $\mathcal{P}o(\lambda_i)$, la somme $X = X_1 + \cdots + X_n$ est encore une variable de Poisson de paramètre $\lambda = \lambda_1 + \cdots + \lambda_n$.

[1] Rappelons que l'on a $\mathrm{e} = 2{,}718\,28\dots$ et que e^x est le nombre dont le logarithme est défini par l'égalité

$$\log \mathrm{e}^x = x \log \mathrm{e} = 0{,}434\,29\, x\,.$$

Problèmes

P 14 *Soit un entier $n \geqslant 1$. Déterminer la loi d'une variable aléatoire X pouvant prendre les valeurs $1, \dots, n$, sachant que $P(X=i)$ est proportionnel à i.*

Solution

Soit $p_i = P(X = i)$. Il existe a tel que $p_i = a_i$ pour $1 \leqslant i \leqslant n$. L'égalité $p_1 + \cdots + p_n = 1$ s'écrit

$$a(1 + 2 + \cdots + n) = 1 ,$$

ou

$$a = \frac{1}{1 + 2 + \cdots + n} = \frac{2}{n(n + 1)} .$$

On a donc

$$P(X = i) = \frac{2\,i}{n(n + 1)} \quad \text{pour} \quad 1 \leqslant i \leqslant n .$$

P 15 *Soit un entier $n \geqslant 1$. Déterminer la loi d'une variable aléatoire X pouvant prendre les valeurs $1, \dots, n$ et sachant que $P(X \leqslant i)$ est proportionnel à i pour $1 \leqslant i \leqslant n$.*

Réponse

$$P(X = i) = \frac{1}{n} \quad \text{pour} \quad 1 \leqslant i \leqslant n .$$

P 16 *Soient 2 événements indépendants A et B vérifiant $P(A) = P(B) = p$. Déterminer la loi de la variable aléatoire $X = 1_A + 1_B$.*

Solution

X peut prendre les valeurs 0, 1 ou 2. On a

$$P(X=0)=P(A^c \cap B^c)=P(A^c)\,P(B^c)=(1-p)^2 ,$$
$$P(X=1)=P(A \cap B^c)+P(A^c \cap B)=2\,p(1-p)$$

et

$$P(X=2)=P(A \cap B)=p^2 .$$

P 17 *A et B sont 2 événements indépendants vérifiant $P(A) = P(B) = p$. Déterminer les lois des variables aléatoires*

$$Y = 1_A - 1_B \quad \text{et} \quad Z = 1_A\,1_B .$$

Réponses

Y prend les valeurs -1, 0, 1 avec :

$$P(Y = -1) = P(Y = 1) = p(1 - p)$$

et

$$P(Y = 0) = p^2 + (1 - p)^2 .$$

Z prend les valeurs 0 et 1 avec $P(Z = 0) = 1 - p^2$ et $P(Z = 1) = p^2$.

P 18 *Déterminer la loi binomiale $\mathcal{B}i\left(8, \frac{3}{4}\right)$. En supposant que X obéisse à cette loi, calculer $P(X \geqslant 7)$. Déterminer le plus grand entier k tel que*

$$P(X \leqslant k) \leqslant \frac{1}{100} .$$

Solution

Posons $p = \frac{3}{4}$ et $q = 1 - p = \frac{1}{4}$.

Il faut déterminer les nombres

$$p_i = P(X = i) = \binom{8}{i} p^i\, q^{8-i} .$$

On a

$$\frac{p_i}{p_{i-1}} = \frac{\binom{8}{i}}{\binom{8}{i-1}} \frac{p}{q} = \frac{9 - i}{i} \frac{p}{q} ,$$

soit

$$p_i = \frac{3(9 - i)}{i} p_{i-1} .$$

D'où :

$$p_0 = \left(\frac{1}{4}\right)^8 = 1{,}526 \times 10^{-5}$$
$$p_1 = 3 \times 8\ p_0 = 3{,}662 \times 10^{-4}$$
$$p_2 = 3 \times \frac{7}{2}\ p_1 = 3{,}856 \times 10^{-3}$$
$$p_3 = 3 \times \frac{6}{3}\ p_2 = 2{,}314 \times 10^{-2}$$
$$p_4 = 3 \times \frac{5}{4}\ p_3 = 8{,}670 \times 10^{-2}$$
$$p_5 = 3 \times \frac{4}{5}\ p_4 = 2{,}081 \times 10^{-1}$$
$$p_6 = 3 \times \frac{3}{6}\ p_5 = 3{,}121 \times 10^{-1}$$
$$p_7 = 3 \times \frac{2}{7}\ p_6 = 2{,}676 \times 10^{-1}$$
$$p_8 = 3 \times \frac{1}{8}\ p_7 = 1{,}002 \times 10^{-1} .$$

On a $P(X \geqslant 7) = p_7 + p_8 = 0{,}367\,8$.
k est le plus grand entier tel que

$$p_0 + p_1 + \cdots + p_k \leqslant 0{,}01 .$$

Cet entier est 2.

P 19 *Dans un examen à correction automatique on pose 10 questions. Chaque question comporte 5 réponses dont une seule est exacte. Pour chaque question le candidat doit cocher la bonne réponse. Un candidat qui ne se fie pas à son savoir décide de procéder au hasard. Quelle est la probabilité p pour que ce candidat ait la moyenne, c'est-à-dire ait au moins 5 réponses bonnes ?*

Réponse

$$p = 0{,}033\,.$$

P 20 *12 boules sont placées les unes après les autres, au hasard, dans 3 boîtes. Quelle est la probabilité p pour que la première boîte contienne 3 boules ?*

Réponse

$$p = \binom{12}{3}\left(\frac{1}{3}\right)^3\left(\frac{2}{3}\right)^9.$$

P 21 *Une pièce fabriquée a la probabilité 0,1 d'être inutilisable. Quel nombre minimum faut-il fabriquer de pièces pour avoir au moins 5 pièces utilisables avec une probabilité $\geqslant 98\,\%$?*

Solution

Soit n le nombre de pièces fabriquées. Le nombre des pièces utilisables parmi ces n est une variable aléatoire X qui obéit à $\mathcal{B}i\left(n, \frac{9}{10}\right)$. Il faut que n soit assez grand pour que

$$P(X \geqslant 5) \geqslant 0{,}98 \quad \text{ou} \quad P(X \leqslant 4) \leqslant 0{,}02\,.$$

Cette dernière inégalité s'écrit

$$\sum_{0 \leqslant i \leqslant 4} \binom{n}{i}\left(\frac{9}{10}\right)^i\left(\frac{1}{10}\right)^{n-i} \leqslant 0{,}02$$

ou

$$(1)\quad 1 + 9\binom{n}{1} + 81\binom{n}{2} + 729\binom{n}{3} + 6\,561\binom{n}{4} \leqslant 2 \times 10^{n-2}\,.$$

On demande donc quelle est la plus petite valeur de n telle que (1) soit vérifiée.

Il faut déjà que l'on ait $6\,561\binom{n}{4} \leqslant 2 \times 10^{n-2}$.

Comme $\binom{7}{4} = 35$, elle n'est pas vérifiée pour $n = 7$.

Pour $n = 8$, on a $\binom{8}{4} = 70$ et $6\,561\binom{8}{4} = 459\,270$ est nettement inférieur à $2 \times 10^{n-2} = 2\,000\,000$.

On voit sans peine que (1) est vérifié pour $n = 8$. Le nombre minimum demandé est donc $n = 8$.

P 22 *Une certaine quantité de substance radioactive est telle que le nombre X d'atomes désintégrés par unité de temps obéit à la loi de Poisson de paramètre 4. Calculer $P(X = 3)$ et $P(X \geqslant 4)$.*

Trouver le plus petit entier n tel que

$$P(X \geqslant n) \leqslant \frac{1}{1\,000}\,.$$

Solution

La table II donne dans la colonne $m = 4$ les diverses valeurs de $F(x) = P(X \leqslant x)$. L'égalité

$$(X \leqslant 3) = (X \leqslant 2) + (X = 3)$$

permet d'écrire

$$P(X=3) = F(3) - F(2) = 0{,}433\,5 - 0{,}238\,1 = 0{,}195\,4\,.$$

L'égalité $(X \geqslant 4) = (X \leqslant 3)^c$ donne

$$P(X \geqslant 4) = 1 - F(3) = 1 - 0{,}433\,5 = 0{,}566\,5\,.$$

L'inégalité $P(X \geqslant n) \leqslant 0{,}001$ équivaut à

$$P(X \leqslant n - 1) \geqslant 0{,}999\,.$$

On voit sur la table que 11 est le plus petit entier k tel que $P(X \leqslant k) \geqslant 0{,}999$. Donc 12 est le plus petit entier n tel que $P(X \geqslant n) \leqslant 0{,}001$.

P 23 *Sur le modèle de la table II, établir la table de la loi de Poisson de paramètre*

$$\lambda = 1{,}2\,.$$

Solution

Soit X obéissant à $\mathcal{P}o(1, 2)$. Il nous faut indiquer, selon les diverses valeurs de x, la valeur de

$$F(x) = P(X \leqslant x)\,.$$

Posons $p_x = P(X = x)$. On a

$$F(x) = p_0 + p_1 + \cdots + p_x = F(x-1) + p_x$$

et p_x est obtenu à partir de p_{x-1} par

$$p_x = \frac{\lambda}{x}\,p_{x-1}\,.$$

D'autre part

$$p_0 = e^{-1{,}2} \Rightarrow \log p_0 = -1{,}2 \log e = -0{,}521\,15\,,$$

d'où $p_0 = 0{,}301\,2$ et on dresse le tableau :

x	$\frac{\lambda}{x}$	p_x	$F(x)$
0		0,301 2	0,301 2
1	1,2	0,361 4	0,662 6
2	0,6	0,216 9	0,879 5
3	0,4	0,086 8	0,966 7
4	0,3	0,026 0	0,992 3
5	0,24	0,006 2	0,998 5
6	0,2	0,001 2	0,999 7
7	0,17	0,000 2	0,999 9

La table demandée est obtenue dans la 4e colonne.

P 24 *Soit X une variable aléatoire obéissant à $\mathcal{P}o(\lambda)$. Etudier la variation, en fonction de x, de $P(X = x) = p(x)$. Quelle condition doit remplir λ pour que cette fonction soit toujours décroissante ?*

Solution

L'égalité $p(x) = \frac{\lambda}{x} p(x-1)$ montre qu'elle est croissante pour $x < \lambda$, puis décroissante pour $x > \lambda$.

Pour qu'elle soit toujours décroissante, il faut et il suffit donc que l'on ait $\lambda < 1$.

P 25 *On considère 2 substances radioactives A et B. Les nombres respectifs X et Y de leurs atomes désintégrés durant une unité de temps satisfont aux lois de Poisson de paramètres* 0,8 *et* 0,4. *Donner une valeur approximative de la probabilité $p = P(X < Y)$.*

Solution

On a

$$P(X < Y) = \sum_{0 \leqslant i} P(X = i \text{ et } Y > i).$$

Comme X et Y sont évidemment indépendants, on a $P(X = i \text{ et } Y > i) = P(X = i)\, P(Y > i)$. On voit sur la table que $P(Y > 2) < 0{,}01$. On négligera donc l'événement $(Y > 2)$ et on aura approximativement

$$\begin{aligned} p &= P(X = 0)\, P(Y > 0) + P(X = 1)\, P(Y > 1) \\ &= (0{,}45 \times 0{,}33) + (0{,}36 \times 0{,}06) = 0{,}17 . \end{aligned}$$

P 26 **Loi géométrique.** — *Etant donné un nombre λ vérifiant $0 < \lambda < 1$, montrer qu'il existe une loi de probabilité P sur $\{1, 2, \ldots, n, \ldots\}$ telle que*

$$P(\{n+1\}) = \lambda P(\{n\}) \quad \text{pour} \quad n \geqslant 1 .$$

X étant une variable aléatoire obéissant à cette loi, déterminer le plus petit entier n tel que l'on ait $P(X > n) \leqslant \varepsilon$ lorsque ε est un nombre > 0 donné à l'avance.

Application numérique. — *Déterminer cet entier pour $\lambda = \frac{1}{3}$ et $\varepsilon = \frac{1}{1\,000}$.*

Solution

Posons $P(\{n\}) = p_n$. On aura

$$p_n = \lambda p_{n-1} = \lambda^2 p_{n-2} = \cdots = \lambda^{n-1} p_1$$

et

$$\begin{aligned} p_1 + p_2 + \cdots + p_n &= p_1(1 + \lambda + \cdots + \lambda^{n-1}) \\ &= p_1 \frac{1 - \lambda^n}{1 - \lambda} . \end{aligned}$$

La condition $0 < \lambda < 1$ montre que λ^n est aussi près qu'on le veut de 0 (c.-à-d. tend vers 0) lorsque n est très grand. On peut donc écrire

$$p_1 + p_2 + \cdots + p_n + \cdots = \frac{p_1}{1 - \lambda}$$

et l'égalité $p_1 + p_2 + \cdots + p_n + \cdots = 1$ s'écrit $p_1 = 1 - \lambda$. La loi demandée est donc définie par les égalités :

$$P(\{n\}) = (1 - \lambda)\, \lambda^{n-1} .$$

L'inégalité $P(X > n) \leqslant \varepsilon$ s'écrit encore

$$P(X \leqslant n) \geqslant 1 - \varepsilon \quad \text{ou} \quad p_1 + \cdots + p_n \geqslant 1 - \varepsilon ,$$

c'est-à-dire $1 - \lambda^n \geqslant 1 - \varepsilon$ ou $\lambda^n \leqslant \varepsilon$, c'est-à-dire $n \log \lambda \leqslant \log \varepsilon$ ou $n \geqslant \frac{\log \varepsilon}{\log \lambda}$ (compte tenu du fait que $\lambda < 1$ entraîne $\log \lambda < 0$). Donc n est le plus petit entier $\geqslant \frac{\log \varepsilon}{\log \lambda}$.

Pour $\varepsilon = 0{,}001$ et $\lambda = \frac{1}{3}$, l'inégalité précédente devient $n \geqslant \frac{3}{0{,}477\,12}$. Ce plus petit entier est donc 7.

P 27 *Un trousseau de a clés contient une seule clé pouvant ouvrir une porte donnée. Une personne tente d'ouvrir cette porte en essayant tour à tour les diverses clés du trousseau jusqu'à ce qu'elle tombe sur la bonne. On note X le nombre d'essais nécessaires pour ouvrir la porte. Déterminer la loi de X dans les divers cas suivants :*

1er *cas.* — *La personne n'essaie jamais d'ouvrir avec une clé qu'elle a déjà essayée en vain.*

2e *cas.* — *La personne n'a pas de mémoire et ne tient jamais compte des essais précédents.*

3e *cas.* — *La personne n'a qu'une mémoire limitée et fait chaque essai avec n'importe quelle clé autre que celle qu'elle vient d'essayer immédiatement en vain.*

Solution

Posons $q_i = P(X > i)$. L'inclusion

$$(X > i) \subset (X > i - 1)$$

entraîne

$$P(X > i) = P(X > i - 1)\, P(X > i \mid X > i - 1) = q_{i-1}\, P(X > i \mid X > i - 1)\,.$$

1er *cas.* — Si l'événement $(X > i - 1)$ est réalisé, c.-à-d. si les $i - 1$ premiers essais ont été infructueux, il reste $a - (i - 1)$ clés à essayer. On a la probabilité $\dfrac{1}{a - (i-1)}$ de tomber sur la bonne lors du i-ième essai et la probabilité

$$1 - \frac{1}{a - (i-1)} = \frac{a - i}{a - (i-1)}$$

de tomber sur une mauvaise. Donc :

$$P(X > i \mid X > i - 1) = \frac{a - i}{a - (i-1)}$$

et

$$q_i = q_{i-1}\frac{a - i}{a - (i-1)}\,.$$

Comme on a $q_1 = \dfrac{a-1}{a}$, on a :

$$q_2 = \frac{a-1}{a} \times \frac{a-2}{a-1}\,, \quad \text{etc...}$$

$$q_i = \frac{a-1}{a} \times \frac{a-2}{a-1} \times \cdots \times \frac{a-i}{a-(i-1)} = \frac{a-i}{a}$$

et l'égalité $(X > i - 1) = (X = i) + (X > i)$ permet d'écrire :

$$P(X = i) = q_{i-1} - q_i = \frac{a-(i-1)}{a} - \frac{a-i}{a} = \frac{1}{a}$$

X satisfait donc à la loi uniforme sur $\{ 1, \ldots, a \}$.

2e *cas.* — Si $(X > i - 1)$ est réalisé, il y a cette fois a clés possibles pour le i-ième essai et on a la probabilité $\dfrac{a-1}{a}$ de tomber sur une mauvaise. Donc :

$$q_i = \frac{a-1}{a}q_{i-1} = \left(\frac{a-1}{a}\right)^2 q_{i-2} = \cdots = \left(\frac{a-1}{a}\right)^{i-1} q_1\,.$$

Or $q_1 = \dfrac{a-1}{a}$ et $q_i = \left(\dfrac{a-1}{a}\right)^i$. Donc

$$P(X = i) = q_{i-1} - q_i = \frac{1}{a}\left(\frac{a-1}{a}\right)^{i-1}.$$

P 26 montre que X obéit à la loi géométrique avec $\lambda = \dfrac{a-1}{a}$.

3e *cas.* — On a cette fois $q_i = \dfrac{a-2}{a}q_{i-1}$ et $q_1 = \dfrac{a-1}{a}$ d'où

$$q_i = \frac{(a-2)^{i-1}(a-1)}{a^i}\,.$$

On en déduit $P(X = 1) = \dfrac{1}{a}$ et, pour $i > 1$, on a

$$P(X = i) = q_{i-1} - q_i = \frac{2(a-1)(a-2)^{i-2}}{a^i}\,.$$

3.4. Variables aléatoires continues

Une loi de probabilité P sur $\mathbb{R}$ est dite **continue** si elle correspond à une masse unité répartie sur $\mathbb{R}$ avec une densité linéaire. La fonction $p(x)$, valeur de cette densité en x, est dite la **densité** de la loi P. Comme il

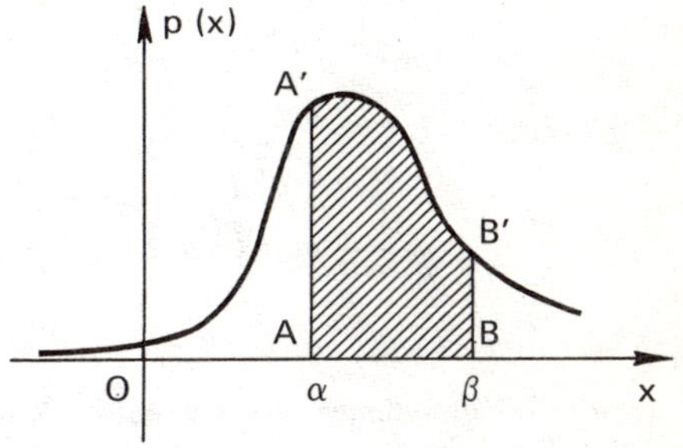

FIG. 3.1.

n'y a pas de masses ponctuelles, tout ensemble n'ayant qu'un nombre fini de points a une probabilité nulle :

$$P(\{ a_1, \ldots, a_n \}) = 0\,.$$

La probabilité $P([\![\alpha, \beta]\!])$ du segment $[\![\alpha, \beta]\!]$ est l'aire de la surface $AA'B'A'$ comprise entre l'axe des abscisses, le graphe de la fonction $p(x)$ et les perpendiculaires à Ox d'abscisses α et β. Si $[\![\alpha, \beta]\!]$ est un segment très petit $[\![x, x + \Delta x]\!]$ et si la fonction p ne fait pas de saut en x (est continue en x), cette probabilité, très petite, est équivalente à $p(x)\,\Delta x$, c.-à-d. que le quotient $\dfrac{P([\![x, x + \Delta x]\!])}{p(x)\,\Delta x}$ est d'autant plus proche de 1 que Δx est petit (**interprétation infinitésimale** de la densité).

Une variable aléatoire X est dite **continue** si la loi $\mathcal{L}(X)$ est continue. La densité de $\mathcal{L}(X)$ est encore dite la densité de la variable aléatoire X.

Pour le lecteur initié aux rudiments d'Analyse :

$$P([\![\alpha, \beta]\!]) = \int_\alpha^\beta p(x)\,\mathrm{d}x\,.$$

La densité $p(x)$ est la dérivée de la fonction de répartition $F(x)$:

$$p(x) = \frac{\mathrm{d}F}{\mathrm{d}x}\,.$$

Soit $y = f(x)$ une fonction strictement croissante (ou strictement décroissante) de x et une variable aléatoire continue X (définie sur Ω) de densité $p(x)$. Alors la variable aléatoire $Y = f(X)$ (définie sur Ω par $Y(\omega) = f(X(\omega))$) a pour densité

$$q(y) = p(x)\left|\frac{\mathrm{d}x}{\mathrm{d}y}\right|.$$

Indiquons 2 exemples de lois continues.

3.4.1. Lois rectangulaires

Soit $a < b$. La **loi rectangulaire** $\mathfrak{R}\mathrm{e}\,(a, b)$ est la loi uniforme sur le segment $[\![a, b]\!]$. C'est la loi continue de densité

$$p = \frac{1}{b-a}\,1_{[\![a,b]\!]}\,,$$

soit

$$p(x) = \begin{cases} 0 \text{ si } x \notin [\![a, b]\!] \\ \dfrac{1}{b-a} \text{ si } x \in [\![a, b]\!]\,. \end{cases}$$

3.4.2. Lois gaussiennes

On appelle **loi gaussienne** (ou **normale**) **réduite** la loi continue P de densité :

$$p(x) = \frac{1}{\sqrt{2\pi}}\,\mathrm{e}^{-x^2/2}\,.$$

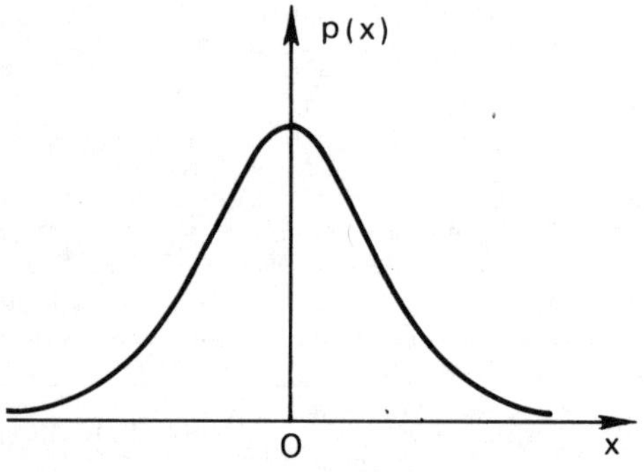

FIG. 3.2.

Le graphe de $p(x)$ est la **courbe en cloche de Gauss.** Cette loi est **symétrique** c.-à-d. que, pour $A \subset \mathbb{R}$, la probabilité de $-A = \{x \in \mathbb{R}\,;\ -x \in A\}$ est $P(-A) = P(A)$. Une variable aléatoire X de loi P est dite **variable gaussienne** (ou **normale**) **réduite.** On donne la table de la fonction de répartition

$$Q(u) = P(X \leqslant u) \quad \text{ou} \quad P(X \geqslant u) = 1 - Q(u) = P(u)\,.$$

On a :

$$P(|X| \geqslant x) = 2\,P(X \geqslant x) \quad \text{et} \quad P(X < -x) = P(X > x)\,.$$

Une variable aléatoire Y est dite **gaussienne** (ou **normale**) si elle est de la forme $Y = \sigma X + \mu$ où X est gaussienne réduite. On peut supposer $\sigma \geqslant 0$. La loi $\mathcal{L}(Y)$ est notée $\mathcal{N}(\mu, \sigma^2)$. C'est ainsi que $\mathcal{N}(0, 1)$ est la loi gaussienne réduite.

Théorèmes. — 1) a étant une constante, si Y obéit à $\mathcal{N}(\mu, \sigma^2)$, aY obéit à $\mathcal{N}(a\mu, a^2\sigma^2)$.

2) Soient $Y_1, \ldots, Y_n$ des variables aléatoires indépendantes, Y_i obéissant à $\mathcal{N}(\mu_i, \sigma_i^2)$. Alors

$$Y = Y_1 + \cdots + Y_n$$

obéit à $\mathcal{N}(\mu, \sigma^2)$ avec

$$\mu = \mu_1 + \cdots + \mu_n \quad \text{et} \quad \sigma^2 = \sigma_1^2 + \cdots + \sigma_n^2\,.$$

Problèmes

P 28 *Une variable aléatoire continue X peut prendre toutes les valeurs comprises entre -1 et $+1$. Déterminer sa densité $p(x)$ sachant que le graphe de celle-ci forme avec l'axe des x un triangle isocèle.*

Quelle est la probabilité P pour que l'on ait à la fois $X^2 < \frac{1}{4}$ et $X < \frac{1}{4}$?

Déterminer la densité de $|X|$.

Déterminer les fonctions de répartition de X et de $|X|$.

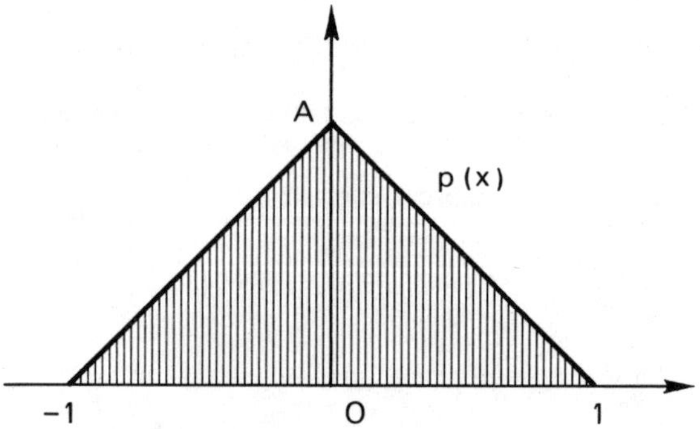

P 3.28.

Solution

L'aire hachurée étant 1, on a $OA = 1$ et

$$p(x) = \begin{cases} 0 & \text{si } x \leqslant -1 \\ 1 + x & \text{si } -1 \leqslant x \leqslant 0 \\ 1 - x & \text{si } 0 \leqslant x \leqslant 1 \\ 0 & \text{si } x \geqslant 1 . \end{cases}$$

$\left(X^2 < \frac{1}{4} \text{ et } X < \frac{1}{4}\right)$ équivaut à $\left(-\frac{1}{2} < X < \frac{1}{4}\right)$.

La probabilité P est la partie de l'aire hachurée comprise au-dessus du segment $\left]\!\!\left] -\frac{1}{2}, \frac{1}{4} \right[\!\!\right[$. Des calculs d'aires de triangle montrent alors $P = \frac{19}{32}$.

Soit $q(x)$ la densité de $|X|$. On a évidemment $q(x) = 0$ si $x \leqslant 0$ ou $x \geqslant 1$. Pour $0 \leqslant x \leqslant 1$, l'interprétation infinitésimale permet d'écrire :

$$\begin{aligned} \Delta x\, q(x) &\cong P(x \leqslant |X| \leqslant x + \Delta x) \\ &= P(x \leqslant X \leqslant x + \Delta x) + P(-x - \Delta x \leqslant X \leqslant -x) \cong \\ &\cong 2\, \Delta x\, p(x) . \end{aligned}$$

D'où $q(x) = 2\, p(x) = 2 - 2\,x$ si $0 \leqslant x \leqslant 1$.

Des calculs d'aires de triangles donnent les fonctions de répartition. Celle de X est :

$$F(x) = \begin{cases} 0 & \text{si } x \leqslant -1 \\ \dfrac{(x+1)^2}{2} & \text{si } -1 \leqslant x \leqslant 0 \\ 1 - \dfrac{(x-1)^2}{2} & \text{si } 0 \leqslant x \leqslant 1 \\ 1 & \text{si } x \geqslant 1 \end{cases}$$

et celle de $|X|$ est

$$G(x) = \begin{cases} 0 & \text{si } x \leqslant 0 \\ (1 - x)^2 & \text{si } 0 \leqslant x \leqslant 1 \\ 1 & \text{si } x \geqslant 1 . \end{cases}$$

P 29 *Soit $(X_1, \ldots, X_n)$ un échantillon de taille n de la loi rectangulaire $\mathcal{R}e\,(a, b)$. On considère $X = \text{Sup}\,(X_1, \ldots, X_n)$ (plus grande valeur prise par les X_i). Trouver la fonction de répartition $F(x)$ de X.*

Trouver la densité $p(x)$ de X :

1) *grâce à l'interprétation infinitésimale ;*
2) *en dérivant la fonction de répartition.*

Solution

L'égalité $(X \leqslant x) = (X_1 \leqslant x \text{ et } \ldots \text{ et } X_n \leqslant x)$ ainsi que l'indépendance des X_i permet d'écrire :

$$\begin{aligned} P(X \leqslant x) &= P(X_1 \leqslant x) \ldots P(X_n \leqslant x) \\ &= [P(X_1 \leqslant x)]^n . \end{aligned}$$

Mais la fonction de répartition de $\mathcal{R}e\,(a, b)$ est, de façon évidente :

$$P(X_1 \leqslant x) = \begin{cases} 0 & \text{si } x \leqslant a \\ \dfrac{x-a}{b-a} & \text{si } a \leqslant x \leqslant b \\ 1 & \text{si } x \geqslant b \end{cases}$$

d'où

$$F(x) = \begin{cases} 0 & \text{si } x \leqslant a \\ \left(\dfrac{x-a}{b-a}\right)^n & \text{si } a \leqslant x \leqslant b \\ 1 & \text{si } x \geqslant b . \end{cases}$$

La densité $p(x)$ de X est nulle en dehors de $[\![a, b]\!]$. Calculons $p(x)$ pour $a < x < b$.

1) *Par l'interprétation infinitésimale.* — Δx étant très petit, on peut écrire de manière approchée :

$$\begin{aligned} p(x)\, \Delta x &\cong P(x \leqslant X \leqslant x + \Delta x) \\ &= \sum_{1 \leqslant i \leqslant n} P(X = X_i \text{ et } x \leqslant X \leqslant x + \Delta x) \\ &= nP(X = x_1 \text{ et } x \leqslant X \leqslant x + \Delta x) . \end{aligned}$$

Mais

$$\begin{aligned} &P(X = x_1 \text{ et } x \leqslant X \leqslant x + \Delta x) \cong \\ &\cong P(x \leqslant X_1 \leqslant x + \Delta x \text{ et } X_2 \leqslant x \text{ et} \ldots \text{et } X_n \leqslant x) \\ &= P(x \leqslant X_1 \leqslant x + \Delta x)\, P(X_2 \leqslant x) \ldots P(X_n \leqslant x) \\ &\cong \frac{\Delta x}{b-a}\left(\frac{x-a}{b-a}\right)^{n-1}, \end{aligned}$$

d'où finalement :

$$p(x) = n\,\frac{(x-a)^{n-1}}{(b-a)^n} .$$

2) *En dérivant la fonction de répartition*

$$p(x) = \frac{\mathrm{d}F}{\mathrm{d}x} = \frac{\mathrm{d}}{\mathrm{d}x}\left(\frac{x-a}{b-a}\right)^n = n\,\frac{(x-a)^{n-1}}{(b-a)^n} .$$

P 30 *On choisit un point M au hasard sur la surface du disque Ω de centre O et de rayon R. Trouver la fonction de répartition $F(x)$ et la densité $p(x)$ de la variable aléatoire*

$$X = OM .$$

Réponses

$$F(x) = \begin{cases} 0 & \text{si } x \leqslant 0 \\ \left(\dfrac{x}{R}\right)^2 & \text{si } 0 \leqslant x \leqslant R \\ 1 & \text{si } x > R \end{cases}$$

$$p(x) = \begin{cases} \dfrac{2\,x}{R^2} & \text{si } 0 \leqslant x < R \\ 0 & \text{si } x \notin [\![0, R]\!] . \end{cases}$$

P 31 **Utilisation de la table de la loi de Gauss.** — *Un tube électronique, fabriqué selon un certain procédé, a une durée de vie qui, exprimée en heures, est une variable aléatoire X obéissant à la loi gaussienne* $\mathcal{N}(160, 30^2)$. *Calculer les diverses probabilités :*

$$p_1 = P(X \leqslant 140)$$
$$p_2 = P(X \geqslant 200)$$
$$p_3 = P(130 \leqslant X \leqslant 190)$$

ainsi que les nombres a et b tels que :

$$P(X \leqslant a) = 0{,}9 \quad \text{et} \quad P(X \geqslant b) = 0{,}8 .$$

Calculer la probabilité conditionnelle :

$$q = P(X > 200 \mid X > 160) .$$

Comparer q à p_2.

Solution

On se sert du fait que $T = \dfrac{X - 160}{30}$ obéit à la loi gaussienne réduite dont on consulte la table

$$(X \leqslant 140) \Leftrightarrow \left(T \leqslant -\frac{2}{3}\right) \Rightarrow p_1 = Q\left(-\frac{2}{3}\right)$$

en notant Q la fonction de répartition de la loi gaussienne réduite. Comme la table ne donne $Q(x)$ que pour $x \geqslant 0$, on se ramène à ce cas grâce à

$$P(T \leqslant x) = P(T \geqslant -x) .$$

Donc

$$p_1 = P\left(T \geqslant \frac{2}{3}\right) \cong 0{,}253$$

(chiffre obtenu dans la table *I*, en prenant le chiffre 0,665 1, qui est le plus voisin de $\frac{2}{3}$ et en additionnant le nombre 0,25 (qui est l'indice à gauche de sa ligne) au nombre 0,003 (qui est l'indice en haut de sa colonne).

De même

$$P(X \geqslant 200) = P\left(T \geqslant \frac{4}{3}\right) = 0{,}091 .$$

De façon analogue,

$$\begin{aligned} P(130 \leqslant X \leqslant 190) &= P(\mid T \mid \leqslant 1) \\ &= 1 - P(\mid T \mid \geqslant 1) \\ &= 1 - 2\,P(T \geqslant 1) \\ &\cong 1 - 2 \times 0{,}159 \\ &= 0{,}682 \text{ et } p_3 = 0{,}682 . \end{aligned}$$

L'égalité

$$P(X \leqslant a) = P\left(T \leqslant \frac{a - 160}{30}\right)$$

conduit à chercher le nombre t tel que $P(T \leqslant t) = 0{,}9$. La table I montre que $t = 1{,}281\,6$, d'où

$$a = 160 + 30 \times 1{,}281\,6 = 198{,}44 .$$

De manière analogue,

$$P(X \geqslant b) = P\left(T \geqslant \frac{b - 160}{30}\right)$$

conduit à chercher u tel que $P(T \geqslant u) = 0{,}8$.

Cette valeur de u, étant négative, n'est pas dans la table. Mais $P(T \geqslant u) = P(T \leqslant -u)$. Or $P(T \leqslant v) = 0{,}8$ entraîne $v = 0{,}841\,6$, d'où :

$$u = -0{,}841\,6 \quad \text{et} \quad b = 160 - 30 \times 0{,}841\,6 = 134{,}76 .$$

Soit enfin $A = (X > 160)$ et $B = (X > 200)$. On a

$$q = P(B \mid A) = \frac{P(A \cap B)}{P(A)} ,$$

mais :

$$P(A) = P(T > 0) = 0{,}5 ,$$
$$P(A \cap B) = P(B) = p_2 = 0{,}091 .$$

Donc

$$q = 2\,p_2 = 0{,}182 .$$

P 32 *Une machine destinée à remplir automatiquement des boîtes de sucre en poudre est telle que le poids du sucre mis dans une boîte et exprimé en kilos est une variable aléatoire X obéissant à* $\mathcal{N}(\mu, \sigma^2)$. *On désire que le poids du sucre contenu dans une boîte dépasse* 980 g *avec une probabilité supérieure à* 99 %.

1) *Lorsque* $\sigma = 0{,}03$ *quelle valeur minimum faut-il donner à* μ ?

2) *Lorsque* $\mu = 1$, *quelle valeur maximum peut avoir* σ ?

Solution

On veut que μ et σ^2 soient tels que

$$P(X > 0{,}980) > 0{,}99 .$$

On sait que $T = \dfrac{X - \mu}{\sigma}$ est une variable gaussienne réduite et on lit dans la table I : $P(T < 2{,}326\,3) = 0{,}99$, d'où

$$P(T > -2{,}326\,3) = 0{,}99 ,$$

soit

$$P(X > \mu - 2{,}33\,\sigma) = 0{,}99 .$$

La condition demandée sera donc réalisée si et seulement si l'on a :

$$0{,}980 < \mu - 2{,}33\,\sigma .$$

1) Pour $\sigma = 0{,}03$, on devra donc avoir

$$\mu > 0{,}980 + 2{,}33 \times 0{,}03 = 1{,}050 .$$

2) Pour $\mu = 1$, on devra avoir

$$\sigma < \frac{0{,}020}{2{,}33} = 0{,}008\,78 .$$

P 33 *Un ascenseur peut porter une charge de* 500 kg. *On admet qu'un individu pris au hasard parmi les utilisateurs de cet ascenseur a pour poids, exprimé en kilos, une variable aléatoire obéissant à la loi $\mathcal{N}(\mu, \sigma^2)$ avec $\mu = 75$ et $\sigma = 16$. Quel est le nombre maximum de personnes que l'on peut autoriser à monter ensemble dans l'ascenseur si on veut que le risque de surcharge ne dépasse pas* 10^{-6} ?

Solution

Supposons que n personnes de poids $X_1, \ldots, X_n$ prennent simultanément l'ascenseur. Les variables aléatoires $X_1, \ldots, X_n$ étant indépendantes de même loi $\mathcal{N}(\mu, \sigma^2)$, la charge totale $Y_n = X_1 + \cdots + X_n$ obéit à la loi $\mathcal{N}(n\mu, n\sigma^2)$. La probabilité de surcharge est $P(Y_n > 500)$. On demande donc quel est le plus grand entier n tel que $P(Y_n > 500) < 10^{-6}$. Introduisons la variable gaussienne réduite

$$T = \frac{Y_n - n\mu}{\sqrt{n}\,\sigma} .$$

On veut donc :

$$P\left(T > \frac{500 - n\mu}{\sqrt{n}\,\sigma}\right) < 10^{-6} . \qquad (1)$$

On voit dans la table I (grandes valeurs de u) que l'on a $P(T > u) = 10^{-6}$ pour $u = 4{,}753\,4$.

(1) sera donc satisfait dès que l'on aura :

$$\frac{500 - n\mu}{\sqrt{n}\,\sigma} > 4{,}753\,4 ,$$

c.-à-d.

$$500 > 75\,n + 4{,}753\,4 \times 16\,\sqrt{n} . \qquad (2)$$

Il est facile de voir que cette inégalité est réalisée pour $n = 4$, mais ne l'est plus pour $n = 5$.

Le nombre maximum demandé est donc 4.

P 34 *Le poids de certains fruits, exprimé en grammes, est une variable aléatoire X qui obéit à la loi $\mathcal{N}(\mu, \sigma^2)$ avec $\mu = 80$ et $\sigma = 10$. Quel est le nombre minimum a qu'il faut prendre de ces fruits si l'on veut que le poids total Y ait une probabilité inférieure à $\frac{1}{10}$ de ne pas dépasser* 1 kg ? *Calculer $P(Y \leqslant 1\,000)$ lorsque l'on prend a fruits.*

Réponses

$a = 14$. En ce cas $P(Y \leqslant 1\,000) = 6{,}9 \times 10^{-4}$.

P 35 *Un industriel fabrique des savons dont le poids, exprimé en kilos, est une variable aléatoire X obéissant à $\mathcal{N}(\mu, \sigma^2)$. Il livre ses savons par caisses de 50. A quelle loi obéit le poids total Y des savons contenus dans la caisse ? A quelle loi obéit le poids moyen $\frac{Y}{50}$ d'un savon contenu dans la caisse ?*

L'industriel désire que le poids moyen d'un savon ait une probabilité supérieure à 0,99 *de dépasser* 950 g.

1) *Quelle valeur devra-t-il donner à σ s'il prend* $\mu = 1{,}02$?

2) *Quelle valeur devra-t-il donner à μ s'il prend* $\sigma = 0{,}01$?

Réponses

Y obéit à $\mathcal{N}(50\,\mu, 50\,\sigma^2)$.

$\frac{Y}{50}$ obéit à $\mathcal{N}\left(\mu, \frac{\sigma^2}{50}\right)$.

Si $\mu = 1{,}02$, il faut

$$\sigma < \frac{0{,}07 \times \sqrt{50}}{2{,}326\,3} = 0{,}212\,8 .$$

Si $\sigma = 0{,}01$ il faut

$$\mu > 0{,}95 + \frac{0{,}023\,26}{\sqrt{50}} = 0{,}953\,3 .$$

P 36 *En utilisant l'interprétation infinitésimale, calculer la densité $q(y)$ d'une variable aléatoire obéissant à la loi gaussienne* $\mathcal{N}(\mu, \sigma^2)$.

Solution

On peut écrire

$$Y = \sigma X + \mu$$

où X, gaussienne réduite, a pour densité

$$p(x) = \frac{1}{\sqrt{2\,\pi}}\,\mathrm{e}^{-x^2/2}$$

Pour Δy très petit, on a :

$$\begin{aligned} q(y)\,\Delta y &\cong P(y \leqslant Y \leqslant y + \Delta y) \\ &= P(y \leqslant \sigma X + \mu \leqslant y + \Delta y) \\ &= P\left(\frac{y-\mu}{\sigma} \leqslant X \leqslant \frac{y-\mu}{\sigma} + \frac{\Delta y}{\sigma}\right) \\ &= P(x \leqslant X \leqslant x + \Delta x) \end{aligned}$$

en posant

$$x = \frac{y - \mu}{\sigma} \quad \text{et} \quad \Delta x = \frac{\Delta y}{\sigma}.$$

On a donc

$$q(y)\,\Delta y = p(x)\,\Delta x = p\left(\frac{y-\mu}{\sigma}\right)\frac{\Delta y}{\sigma}$$

et

$$q(y) = \frac{1}{\sigma}\,p\left(\frac{y-\mu}{\sigma}\right) = \frac{1}{\sqrt{2\pi}\,\sigma}\,\mathrm{e}^{-(y-\mu)^2/2\sigma^2}.$$

3.5 Loi de Laplace. Processus de Poisson

Etant donné $a > 0$, **la loi de Laplace** de paramètre a est la loi continue de densité :

$$p(x) = \begin{cases} 0 & \text{si} \quad x < 0 \\ a\,\mathrm{e}^{-ax} & \text{si} \quad x \geqslant 0. \end{cases}$$

Si X obéit à une telle loi, on a, pour $x > 0$:

$$P(X > x) = \mathrm{e}^{-ax}.$$

Une variable aléatoire X qui obéit à une loi de Laplace peut être interprétée comme la durée de vie d'une « pièce d'équipement » qui ne vieillit pas (atome radio-actif, durée d'attente d'un rayon cosmique ou, avec un peu de bonne volonté, d'un client dans une station-service) c.-à-d. que l'on a, pour $t_0 \geqslant 0$ et $t \geqslant 0$:

$$P(X > t_0 + t \mid X > t_0) = P(X > t).$$

Soit une suite $X_1, \dots, X_n, \dots$ de variables aléatoires indépendantes obéissant à la même loi de Poisson de paramètre a. La suite des variables aléatoires :

$$T_1 = X_1\,,\ T_2 = X_1 + X_2, \dots,\quad T_n = X_1 + X_2 + \cdots + X_n, \dots$$

constitue un **processus de Poisson.** C'est, par exemple, la suite des instants d'arrivée des rayons cosmiques (ou des clients) après l'instant 0.

Si $A = [\![t_0, t_0 + t]\!]$ avec $t_0 \geqslant 0$ et $t > 0$, la variable aléatoire N_A, égale au nombre des T_i vérifiant $T_i \in A$ (nombre des arrivées durant l'intervalle de temps A) obéit à la loi de Poisson de paramètre at. Si $A_1, \dots, A_n$ sont des intervalles 2 à 2 disjoints contenus dans $\mathbb{R}_+ = \{ x \in \mathbb{R} ; x \geqslant 0 \}$, les variables aléatoires $N_{A_1}, \dots, N_{A_n}$ sont indépendantes. La loi de $2\,aT_n$ est la **loi de Pearson** (ou de χ^2) à $2\,n$ degrés de liberté qui peut encore être définie de la façon suivante : c'est la loi de $X_1^2 + \cdots + X_n^2$ où $X_1, \dots, X_n$ sont des variables gaussiennes réduites indépendantes.

Problèmes

P 37 **Utilisation des tables de la loi de Pearson.** *On suppose qu'à une station de taxis, ceux-ci arrivent selon un processus de Poisson, les variables de Laplace correspondantes ayant pour paramètre 1 lorsque les durées sont exprimées en minutes. On considère les taxis arrivés après l'instant* 0.

A quelle loi obéit la date d'arrivée Y du 5-ième taxi ? Déterminer des nombres a et b tels que :

$$P(Y \geqslant a) = \frac{9}{10} \quad \text{et} \quad P(Y \geqslant b) = \frac{1}{10}.$$

Quelle est la probabilité pour qu'il n'arrive aucun taxi dans un intervalle de 3 minutes ? pour qu'il en arrive au moins 5 ?

Quel est l'intervalle de temps minimum t_0 pour que la probabilité qu'il arrive au moins un taxi durant t_0 soit au moins égale à $\frac{9}{10}$?

Solution

On a $Y = T_5 = X_1 + X_2 + X_3 + X_4 + X_5$, les X_i étant des variables de Laplace indépendantes de paramètre 1. Donc $2\,Y$ obéit à la loi de Pearson à 10 degrés de liberté.

On a $P(Y \geqslant a) = P(2\,Y \geqslant 2\,a)$ et on lit dans la table III (ligne $\nu = 10$, colonne 0,900) que

$$P(2\,Y \geqslant 4{,}87) = \frac{9}{10},$$

donc $2\,a = 4{,}87$ et $a = 2{,}43$.

De manière analogue,

$$b = \frac{1}{2} \times 15{,}99 \cong 8.$$

Le nombre N des taxis qui arrivent dans un intervalle de 3 minutes obéit à la loi de Poisson de paramètre 3. On lit alors dans la table II.

$$P(N = 0) = 0{,}049\,8.$$

De même

$$P(N \geqslant 5) = 1 - P(N \leqslant 4) = 1 - 0{,}815\,3 \cong 0{,}185.$$

Le nombre N_t des taxis qui arrivent dans un intervalle de temps t obéit à la loi de Poisson de paramètre t. Donc t_0 est le plus petit nombre t tel que l'on ait $P(N_t = 0) \leqslant 0{,}1$. On voit dans la table II qu'il est compris entre 2 et 2,5. Déterminons-le avec précision. On a (loi de Poisson) $P(N_t = 0) = \mathrm{e}^{-t}$. Donc t_0 est le plus petit t tel que $\mathrm{e}^{-t} < 0{,}1$, soit $\mathrm{e}^{-t_0} = 0{,}1$ ou $-\,t_0 \log \mathrm{e} = \log 0{,}1$, soit $t_0 = \dfrac{1}{\log \mathrm{e}} = 2{,}30$.

P 38 *Le passage des automobiles sur une certaine route constitue un processus de Poisson dont la loi de Laplace correspondante a pour paramètre 4 lorsque les durées sont exprimées en minutes. Un piéton qui désire traverser cette route se met à le faire lorsqu'il voit qu'aucune auto ne va passer lors des 20 secondes suivantes. Quelle est la probabilité pour que ce piéton n'ait pas à attendre lorsqu'il veut traverser ?*

A quelle loi obéit le nombre aléatoire N des autos qu'il doit laisser passer avant de se mettre à traverser ?

Solution

Soient $X_1, \ldots, X_n, \ldots$ les variables de Laplace indépendantes qui définissent le processus,

$$T_n = X_1 + \cdots + X_n$$

étant l'instant de passage de la n-ième auto, l'origine des temps étant prise au moment où le piéton arrive au bord de la route et désire traverser.

Dire que le piéton n'attend pas revient à dire que l'on a $X_1 > \frac{1}{3}$ (20 secondes exprimées en minutes).

La probabilité pour qu'il en soit ainsi est

$$p = P\left(X_1 > \frac{1}{3}\right) = \mathrm{e}^{-4/3} .$$

On a donc :

$$\log p = -\frac{4}{3} \log \mathrm{e} = -0{,}579 \text{ et } p = 0{,}263\,6 .$$

On a

$$P(N = n) =$$
$$= P\left(X_1 < \frac{1}{3} \text{ et } X_2 < \frac{1}{3} \text{ et} \ldots \text{ et } X_n < \frac{1}{3} \text{ et } X_{n+1} > \frac{1}{3}\right)$$
$$= P\left(X_1 < \frac{1}{3}\right) P\left(X_2 < \frac{1}{3}\right) \ldots P\left(X_n < \frac{1}{3}\right) P\left(X_{n+1} > \frac{1}{3}\right)$$
$$= (1 - p)^n\, p \quad (\text{pour } n = 0, 1, \ldots) .$$

C'est une loi géométrique (cf. 3, 3, P 26.).

P 39 *On tire sur un plan identifié à $\mathbb{R}^2$. On suppose que les coordonnées X et Y du point d'impact sont 2 variables gaussiennes indépendantes obéissant toutes deux à $\mathcal{N}(0, 4)$. Comment déterminer la loi à laquelle obéit la variable aléatoire $Z = \sqrt{X^2 + Y^2}$, distance du point d'impact à l'origine $O = (0, 0)$?*

On prend pour cible le disque E, de centre O et de rayon $\sqrt{0,8}$ défini par

$$E = \{ (x, y) \in \mathbb{R}^2 ; x^2 + y^2 \leqslant 0{,}8 \} .$$

Quelle est la probabilité p d'atteindre la cible du premier coup ?

On note N le nombre des coups au but en n tirages. A quelle loi obéit N ?

Quel est le plus petit rayon (que vous puissiez déterminer au moyen des tables) qu'il faut donner à la cible pour que la probabilité d'avoir 10 *coups au but en* 10 *tirs soit* $\geqslant \frac{1}{2}$?

Réponses

$\frac{Z^2}{4}$ obéit à la loi de Pearson à 2 degrés de liberté.

p est un peu inférieur à 0,1.

N obéit à $\mathcal{B}i\,(n, p)$.

Le plus grand rayon est 4,9.

3.6. Lois multinomiales

Elles s'introduisent à propos de l'alternative généralisée répétée : Soit une alternative généralisée à r termes $A_1, \ldots, A_r$ de probabilités respectives

$$p_1 = P(A_1), \ldots, p_r = P(A_r)$$

(avec $p_1 + \cdots + p_r = 1$) (par exemple les 6 faces d'un dé). On suppose que l'on fasse n épreuves indépendantes de cette alternative (on lance le dé n fois de suite) et, pour tout i, on désigne par Y_i le nombre des réalisations de A_i au cours de ces n épreuves. La loi $\mathcal{L}(Y_1, \ldots, Y_r)$ est dite **loi multinomiale.** Si $k_1, \ldots, k_r$ sont des entiers $\geqslant 0$ tels que

$$k_1 + \cdots + k_r = n ,$$

on a :

$$P(Y_1 = k_1 \text{ et} \ldots \text{ et } Y_r = k_r)$$
$$= \frac{n\,!}{k_1\,! \ldots k_r\,!}\, p_1^{k_1} \ldots p_r^{k_r} .$$

P 40 *On lance en l'air 5 fois de suite un dé équilibré. Calculer la probabilité p pour que le 1 et le 2 sortent chacun une fois.*

Solution

Suivons les notations du résumé. On est en face de 3 alternatives :

A_1 = (face 1) A_2 = (face 2) A_3 = (face 3, 4, 5 ou 6)

avec $p_1 = p_2 = \frac{1}{6}$ et $p_3 = \frac{2}{3}$. La probabilité demandée est

$$P(Y_1 = 1 \text{ et } Y_2 = 1 \text{ et } Y_3 = 3)$$
$$= \frac{5\,!}{1\,!\,1\,!\,3\,!} \times \frac{1}{6} \times \frac{1}{6} \times \left(\frac{2}{3}\right)^3 = \frac{40}{243} .$$

P 41 *On lance 3 fois de suite un dé équilibré. Calculer les probabilités p_i des événements E_i :*

$E_1 =$ (*On amène une fois un nombre pair, une fois le* 3 *et une fois le* 5).

$E_2 =$ (*On amène deux fois un nombre pair et jamais un nombre premier*).

$E_3 =$ (*On amène une fois un nombre premier et une fois le* 4).

$E_4 =$ (*On amène au moins une fois le* 2 *et deux fois un nombre pair*).

$E_5 =$ (*On amène au moins une fois le* 2 *et au plus deux fois un nombre pair*).

Réponses

$$p_1 = \frac{1}{6},\ p_2 = \frac{1}{18},\ p_3 = \frac{1}{6},\ p_4 = \frac{5}{24} \text{ et } p_5 = \frac{1}{3}.$$

P 42 *On lance simultanément* 3 *dés équilibrés. On note X le nombre de* 1 *amenés et Y le nombre des* 2. *Déterminer la loi* $\mathcal{L}(X, Y)$.

Réponse

Selon les diverses valeurs de x et de y, on donne le tableau des probabilités $P(X = x \text{ et } Y = y)$:

$x \backslash y$	0	1	2	3
0	$\frac{8}{27}$	$\frac{2}{9}$	$\frac{1}{18}$	$\frac{1}{216}$
1	$\frac{2}{9}$	$\frac{2}{18}$	$\frac{1}{72}$	0
2	$\frac{1}{18}$	$\frac{1}{72}$	0	0
3	$\frac{1}{216}$	0	0	0

P 43 *Les notations étant celles du résumé, on suppose que l'on ait* $r = 3$. *Indiquer quelle est la loi de* X_1 *lorsque l'on sait que* $X_3 = z$.

Solution

Si $X_3 = z$, X_1 ne peut prendre que les valeurs $0, 1, \dots, n - z$. Soit $0 \leqslant k \leqslant n - z$. On a :

$$P(X_1 = k \mid X_3 = z) = \frac{P(X_1 = k \text{ et } X_3 = z)}{P(X_3 = z)}.$$

Mais

$$\begin{aligned} P(X_1 = k \text{ et } X_3 = z) &= P(X_1 = k \text{ et } X_2 = n - z - k \text{ et } X_3 = z) \\ &= \frac{n\,!}{k\,!\,(n - z - k)\,!\,z\,!}\, p_1^k\, p_2^{(n-z-k)}\, p_3^z \end{aligned}$$

et

$$P(X_3 = z) = \frac{n\,!}{z\,!\,(n - z)\,!}\, p_3^z (1 - p_3)^{n-z}$$

(car X_3 obéit à $\mathcal{B}i\,(n, p_3)$), donc :

$$P(X_1 = k \mid X_3 = z) =$$

$$\frac{(n - z)\,!}{k\,!\,(n - z - k)\,!} \times \frac{p_1^k\, p_2^{(n-z+k)}}{(1 - p_3)^{n-z}}$$

soit, en posant

$$\frac{p_1}{1 - p_3} = \frac{p_1}{p_1 + p_2} = q \quad \text{et} \quad \frac{p_2}{p_1 + p_2} = 1 - q :$$

$$P(X_1 = k \mid X_3 = z) = \binom{n - z}{k} q^k (1 - q)^{n-z-k}.$$

La loi de X_1, lorsque l'on sait que $X_3 = z$, est donc la loi binomiale $\mathcal{B}i\left(n - z, \dfrac{p_1}{p_1 + p_2}\right)$.

P 44 *Les notations étant celles du résumé, on suppose que l'on ait* $r = 4$. *Indiquer quelle est la loi* $\mathcal{L}(X_1, X_2, X_3)$ *lorsque l'on sait que* $X_4 = z$.

Réponse

Soit

$$q_i = \frac{p_i}{p_1 + p_2 + p_3} \quad \text{pour} \quad i = 1, 2, 3.$$

La loi demandée est la loi multinomiale obtenue en prenant $r = 3$, q_1, q_2, q_3 comme probabilités des alternatives et en faisant $n - z$ épreuves.

4. Espérance mathématique et variance

4.1. Espérance mathématique

Etant donné une variable aléatoire (numérique) X, l'**espérance mathématique.** de X, notée $\mathbb{E}X$ ([1]), est un nombre autour duquel se répartissent les valeurs possibles de X. C'est donc un paramètre de position. Il ne dépend que de $\mathcal{L}(X)$. On peut donc parler de l'espérance mathématique d'une loi de probabilité P sur $\mathbb{R}$. Ce nombre n'est pas toujours défini. Lorsqu'il existe, c'est l'abscisse du centre de gravité dans l'analogie des masses.

4.1.1. Calcul de $\mathbb{E}X$ lorsque X est discrète

Si X ne peut prendre que les valeurs $x_1, \ldots, x_n$, on a :

$$\mathbb{E}X = x_1\, P(X = x_1) + \cdots + x_n\, P(X = x_n)\,.$$

Si X est une variable aléatoire arithmétique, on a :

$$\mathbb{E}X = 1 . P(X = 1) + \cdots + nP(X = n) + \cdots$$

(cette somme pouvant comporter un nombre fini ou infini de termes).

Si X est définie sur une catégorie d'épreuves finie Ω, on a :

$$\mathbb{E}X = \sum_{\omega \in \Omega} X(\omega)\, P(\{\, \omega \,\})\,.$$

4.1.2. Calcul de $\mathbb{E}X$ lorsque X est continue

Si X est continue de densité $p(x)$, on trace le graphe de la fonction $xp(x)$. La surface comprise entre ce graphe et l'axe des x se compose de 2 parties : l'une, notée S^+, au-dessus de l'axe des x, qui correspond à $x > 0$ et l'autre, notée S^-, au-dessous de cet axe, qui correspond à $x < 0$. On a alors :

$$\mathbb{E}X = \text{aire de } S^+ - \text{aire de } S^-\,.$$

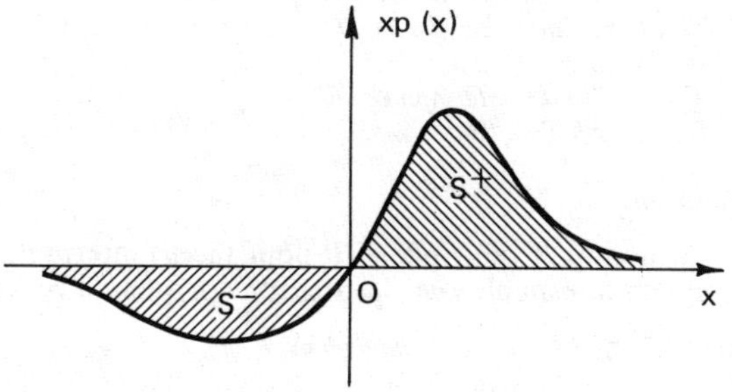

FIG. 4.1.

([1]) $\mathbb{E}X$ est noté EX dans notre ouvrage **Initiation aux méthodes de la Statistique et du Calcul des probabilités,** Masson, éd.

4.1.3. Règles de calcul

L'espérance mathématique est linéaire, c.-à-d. que, si X et Y sont définies sur une même catégorie d'épreuves, et si a est une constante, on a :

$$\mathbb{E}(aX) = a\mathbb{E}X$$
$$\mathbb{E}(X + Y) = \mathbb{E}X + \mathbb{E}Y\,.$$

(Pour calculer $\mathbb{E}X$, il est donc souvent commode d'écrire X sous la forme d'une somme de variables aléatoires plus simples : $X = X_1 + \cdots + X_n$ et d'écrire $\mathbb{E}X = \mathbb{E}X_1 + \cdots + \mathbb{E}X_n$.)

Si, de plus, X **et** Y **sont indépendantes,** on a :

$$\mathbb{E}(XY) = (\mathbb{E}X)\,(\mathbb{E}Y)\,.$$

Cette égalité est, en général, fausse si X et Y ne sont pas indépendantes.

Si X est une variable aléatoire positive, c.-à-d. telle que l'on ait (toujours ou presque sûrement) $X \geqslant 0$, dans ce cas, on a alors $\mathbb{E}X \geqslant 0$ et $\mathbb{E}X = 0$ équivaut à ($X = 0$ presque sûrement).

4.1.4. Tableau des espérances mathématiques usuelles

Loi de X	*Espérance*
δ_a (X est a presque sûrement)	$\mathbb{E}X = a$
X est l'indicatrice de l'événement A	$\mathbb{E}X = P(A)$
Loi binomiale $\mathcal{B}i\,(n, p)$	$\mathbb{E}X = np$
Loi de Poisson $\mathcal{P}o\,(\lambda)$	$\mathbb{E}X = \lambda$
Loi rectangulaire $\mathcal{R}e\,(a, b)$	$\mathbb{E}X = \dfrac{a+b}{2}$
Loi de Gauss $\mathcal{N}(\mu, \sigma^2)$	$\mathbb{E}X = \mu$
Loi de Laplace de paramètre a	$\mathbb{E}X = \dfrac{1}{a}$
Loi de Pearson à n degrés de liberté	$\mathbb{E}X = n$

Problèmes

P 1 *Soit X une variable aléatoire pouvant prendre les valeurs 1, 2, ..., n avec*

$$P(X = k) = \frac{2\,k}{n(n+1)}\,.$$

Calculer $\mathbb{E}X$ grâce à l'égalité :

$$1^2 + 2^2 + \cdots + n^2 = \frac{n(n+1)\,(2\,n+1)}{6}\,.$$

Solution

On a

$$\mathbb{E}X = \sum_{1 \leqslant k \leqslant n} kP(X = k) = \frac{2}{n(n+1)} \sum_{1 \leqslant k \leqslant n} k^2 =$$

$$= \frac{2}{n(n+1)} \times \frac{n(n+1)(2n+1)}{6} = \frac{2n+1}{3}.$$

P 2

Soit X le nombre de points obtenus en lançant un dé équilibré. Calculer $\mathbb{E}X^2$.
Calculer $\mathbb{E} \sin\left(\frac{\pi X}{2}\right)$.

Solution

On a

$$\mathbb{E}X^2 = \sum_{1 \leqslant k \leqslant 6} k^2 P(X = k) = \frac{1}{6} \sum_{1 \leqslant k \leqslant 6} k^2 = \frac{91}{6}.$$

Posons

$$Y(k) = \sin\left(\frac{k\pi}{2}\right).$$

On a

$$\mathbb{E}Y = \sum_{1 \leqslant k \leqslant 6} Y(k) P(X = k) =$$

$$= \frac{1}{6}\left(\sin\frac{\pi}{2} + \sin\frac{2\pi}{2} + \cdots + \sin\frac{6\pi}{2}\right) = \frac{1}{6}.$$

P 3

Un tireur à l'arc vise une cible circulaire dont le diamètre est 50 cm. On note X la distance, mesurée en centimètres, du point d'impact de la flèche au centre de la cible. Cette distance est mesurée positivement dans la partie supérieure de la cible et négativement dans la partie inférieure. X obéit alors à la loi gaussienne $\mathcal{N}(0, 20^2)$.

La cible est divisée en 5 couronnes concentriques délimitées par les cercles de diamètres 10, 20, 30, 40 cm *et valorisées respectivement du centre vers l'extérieur par les chiffres suivants* : 5, 4, 3, 2 *et* 1.

On note N le nombre de points obtenus par le tireur.
Trouver la loi de N.
Calculer $\mathbb{E}N$.

Réponses

i	0	1	2	3	4	5
$P(N = i)$	0,012	0,034	0,088	0,184	0,300	0,382

$\mathbb{E}X = 3{,}672$.

P 4

Soit p vérifiant $0 < p < 1$. *On considère une variable aléatoire X pouvant prendre les valeurs* 1, 2, ..., *n avec*

$$P(X = n) = p(1-p)^{n-1}$$

(loi géométrique). Calculer $\mathbb{E}X$ *en utilisant l'égalité* :

$$1 + 2x + 3x^2 + \cdots + nx^{n-1} + \cdots = \frac{1}{(1-x)^2}$$

(valable pour $|x| < 1$).

Calculer $\mathbb{E}[X(X-1)]$ *en utilisant* :

$$2 + (3 \times 2)x + (4 \times 3)x^2 + \cdots + n(n-1)x^{n-2} + \cdots = \frac{2}{(1-x)^3}$$

(valable pour $|x| < 1$).

En déduire $\mathbb{E}X^2$.

Solution

Posons $1 - p = q$. On a

$$\mathbb{E}X = 1.p + 2pq + 3pq^2 + \cdots + npq^{n-1} + \cdots$$

$$= p(1 + 2q + \cdots + nq^{n-1} + \cdots)$$

$$= p\frac{1}{(1-q)^2} = \frac{p}{p^2} = \frac{1}{p}.$$

On a :

$$\mathbb{E}X(X-1) = (1 \times 0)p + (2 \times 1)pq + (3 \times 2)pq^2 + \cdots + n(n-1)pq^{n-1} + \cdots$$

$$= pq[2 + (3 \times 2)q + \cdots + n(n-1)q^{n-2} + \cdots]$$

$$= pq\frac{2}{(1-q)^3} = \frac{2q}{p^2}.$$

L'égalité $X^2 = X(X-1) + X$ permet d'écrire

$$\mathbb{E}X^2 = \mathbb{E}X(X-1) + \mathbb{E}X =$$

$$= \frac{2q}{p^2} + \frac{1}{p} = \frac{2q+p}{p^2} = \frac{2-p}{p^2}.$$

P 5

On fait une expérience en 2 temps. On lance une pièce, puis on tire au sort un nombre X. Si on a pile, on tire X selon la loi rectangulaire Re (0, 1) *et, si on a face, on tire X selon la loi* Re (0,2).

Trouver la densité p(x) de X.
Calculer $\mathbb{E}X$.

Solution

En notant A pour pile et B pour face, l'interprétation infinitésimale de la densité permet d'écrire

$$p(x)\,\Delta x \cong P(x \leqslant X \leqslant x + \Delta x)$$

$$= P(A)\,P(x \leqslant X \leqslant x + \Delta x \mid A) + P(B)\,P(x \leqslant X \leqslant x + \Delta x \mid B).$$

Mais, pour pile,

$$P(x \leqslant X \leqslant x + \Delta x \mid A) = \Delta x\, 1_{[0,1]}(x)$$

et, pour face,

$$P(x \leqslant X \leqslant x + \Delta x \mid B) = \frac{1}{2} \Delta x \, 1_{[\![0,2]\!]}(x)$$

d'où

$$p(x) = \begin{cases} 0 & \text{si} \quad x \notin [\![0,2]\!] \\ \frac{3}{4} & \text{si} \quad x \in [\![0,1]\!] \\ \frac{1}{4} & \text{si} \quad x \in]\!]1,2]\!] . \end{cases}$$

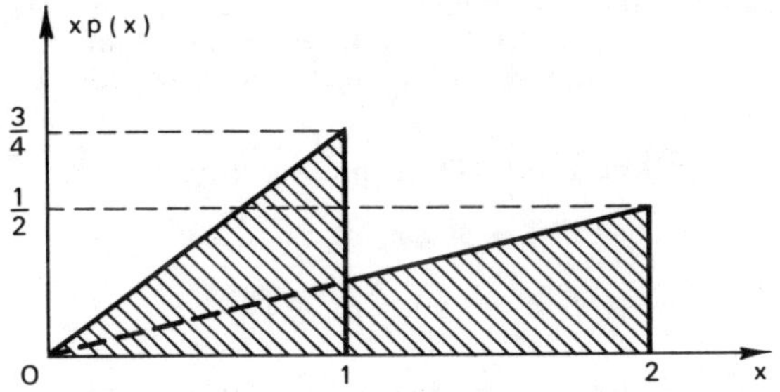

P 4.5.

Le graphe de $xp(x)$ est une ligne brisée. $\mathbb{E}X$ s'obtient en faisant la somme de l'aire d'un triangle et de l'aire d'un trapèze. On trouve $\mathbb{E}X = \frac{3}{4}$.

P 6

Soit X le nombre d'as que reçoit un joueur lors d'une distribution de cartes au bridge. Calculer $\mathbb{E}X$ de 2 façons différentes :

1) *En exprimant X comme somme de 4 variables aléatoires indicatrices d'événements simples.*

2) *En faisant intervenir les nombres d'as possédés par les autres joueurs.*

Solution

1) Soient les événements :

A = (le joueur a l'as de pique)
B = (le joueur a l'as de cœur)
C = (le joueur a l'as de carreau)
D = (le joueur a l'as de trèfle).

On a $X = 1_A + 1_B + 1_C + 1_D$, d'où

$$\mathbb{E}X = \mathbb{E}1_A + \mathbb{E}1_B + \mathbb{E}1_C + \mathbb{E}1_D = P(A) + P(B) + P(C) + P(D) .$$

Mais

$$P(A) = P(B) = P(C) = P(D) = \frac{1}{4},$$

d'où $\mathbb{E}X = 1$.

2) Soient Y, Z et T les nombres d'as respectifs reçus par les 3 autres joueurs. On a :

$$X + Y + Z + T = 4 ,$$

d'où

$$\mathbb{E}X + \mathbb{E}Y + \mathbb{E}Z + \mathbb{E}T = 4 .$$

Comme on a évidemment

$$\mathbb{E}X = \mathbb{E}Y = \mathbb{E}Z = \mathbb{E}T ,$$

on en conclut à nouveau $\mathbb{E}X = 1$.

Remarque. — Le calcul direct de $\mathbb{E}X$ à partir de la loi de X aurait pu se faire en remarquant que la loi hypergéométrique permet d'écrire :

$$P(X = k) = \frac{\binom{4}{k}\binom{48}{13-k}}{\binom{52}{k}} \quad \text{pour} \quad k = 0, 1, 2, 3, 4 .$$

Ce calcul direct aurait été pénible.

P 7

On lance simultanément n dés équilibrés. On désigne par X le nombre des faces différentes montrées par ces n dés. Calculer $\mathbb{E}X$ en exprimant X comme une somme de variables aléatoires simples et sans chercher à déterminer sa loi.

Solution

Soit pour $i = 1, 2, \ldots, 6$ l'événement A_i = (le i apparaît au moins une fois). On a :

$$P(A_i) = 1 - P(A_i^c) = 1 - \left(\frac{5}{6}\right)^n .$$

Or $X = 1_{A_1} + \cdots + 1_{A_6}$ et

$$\mathbb{E}X = \mathbb{E}1_{A_1} + \cdots + \mathbb{E}1_{A_6} = P(A_1) + \cdots + P(A_6) = 6\left[1 - \left(\frac{5}{6}\right)^n\right].$$

Ici encore on remarque que **le calcul de $\mathbb{E}X$ ne nécessite pas toujours la détermination de la loi de X.**

P 8

Montrer comment 1.1 P 10 *permet de trouver la formule de Poincaré. Plus généralement, montrer comment* 1.1 P 11 *permet de calculer $P(A_1 \cup A_2 \cup \ldots \cup A_n)$.*

Solution

En égalant les espérances mathématiques des 2 membres, l'égalité :

$$1_{A \cup B \cup C} = 1_A + 1_B + 1_C - 1_{A \cap B} - 1_{A \cap C} - 1_{B \cap C} + 1_{A \cap B \cap C}$$

permet d'écrire

$$P(A \cup B \cup C) = P(A) + P(B) + P(C) - P(A \cap B) - P(A \cap C) - P(B \cap C) + P(A \cap B \cap C).$$

Plus généralement, l'égalité :

$$1_{A_1 \cup A_2 \cup \ldots \cup A_n} = \sum_i 1_{A_i} - \sum_{i<j} 1_{A_i} 1_{A_j} + \sum_{i<j<k} 1_{A_i} 1_{A_j} 1_{A_k} - \cdots$$

permet d'écrire :

$$P(A_1 \cup A_2 \cup \ldots \cup A_n) = \sum_i P(A_i) - \sum_{i<j} P(A_i \cap A_j) + \sum_{i<j<ik} P(A_i \cap A_j \cap A_k) - \sum_{i<j<k<l} P(A_i \cap A_j \cap A_k \cap A_l) + \cdots$$

P 9 *Sur 2 axes rectangulaires Ox et Oy on choisit deux points au hasard A et B, les abscisses de A et de B étant 2 variables aléatoires indépendantes obéissant toutes 2 à la loi* $\mathcal{R}e(0, 1)$. *Calculer l'espérance mathématique de l'aire du triangle OAB.*

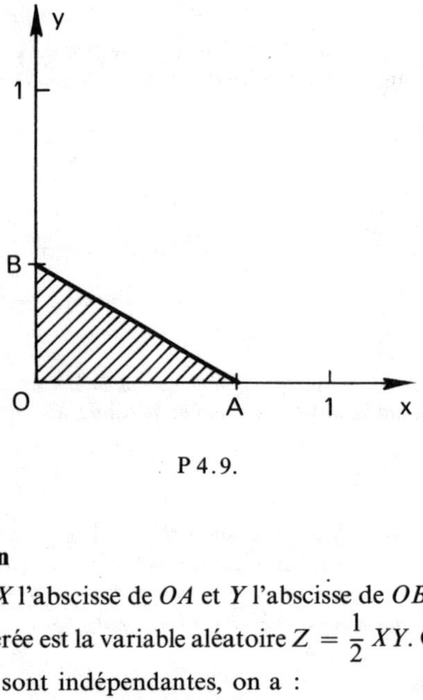

P 4.9.

Solution

Soit X l'abscisse de OA et Y l'abscisse de OB. L'aire considérée est la variable aléatoire $Z = \frac{1}{2} XY$. Comme X et Y sont indépendantes, on a :

$$\mathbb{E}Z = \frac{1}{2} \mathbb{E}X \,.\, \mathbb{E}Y$$

et les égalités $\mathbb{E}X = \mathbb{E}Y = \frac{1}{2}$ entraînent $\mathbb{E}Z = \frac{1}{8}$.

4.2. Variance

Etant donnée une variable aléatoire numérique X, la **variance** de X est le nombre var X défini par

$$\text{var } X = \mathbb{E}(X - \mathbb{E}X)^2 .$$

$\sqrt{\text{var}}\, X$ est l'**écart-type** de X.

Même lorsque $\mathbb{E}X$ existe, var X n'est pas toujours définie. var X ne dépend que de $\mathcal{L}(X)$. On peut donc parler de la variance d'une loi de probabilité P sur $\mathbb{R}$. Dans l'analogie des masses, c'est le moment d'inertie par rapport au centre de gravité. La variance de X est d'autant plus grande que X peut prendre des valeurs plus diverses (c.-à-d. les masses sont plus étalées). C'est donc un paramètre de dispersion. En particulier :

$$\text{var } X = 0 \Leftrightarrow X \text{ est presque certaine}$$

et on a l'**inégalité de Bienaymé :**

$$P(|X - \mathbb{E}X| \geqslant a) \leqslant \frac{\text{var } X}{a^2} .$$

L'inégalité de Bienaymé, étant valable pour toutes les lois admettant une variance, n'est en général pas précise.

4.2.1. Règles de calcul

On a :

$$\text{var } X = \mathbb{E}(X^2) - (\mathbb{E}X)^2$$

et, plus généralement :

$$\mathbb{E}(X - a)^2 = \text{var } X + (a - \mathbb{E}X)^2 .$$

Si a et b sont des constantes :

$$\text{var } (aX + b) = a^2 \text{ var } X .$$

Si X et Y sont indépendantes :

$$\text{var } (X + Y) = \text{var } X + \text{var } Y .$$

Cette égalité est, en général, fausse si X et Y ne sont pas indépendantes (voir 4.3).

4.2.2. Tableau des variances usuelles

Loi de X	*Variance*
δ_a (X est presque certaine)	var $X = 0$
X indicatrice de A	var $X = P(A)\,[1 - P(A)]$
Loi binomiale $\mathcal{B}i\,(n, p)$	var $X = np(1 - p)$
Loi de Poisson $\mathcal{P}o\,(\lambda)$	var $X = \lambda$
Loi rectangulaire $\mathcal{R}e\,(a, b)$	var $X = \frac{(b - a)^2}{12}$
Loi de Gauss $\mathcal{N}(\mu, \sigma^2)$	var $X = \sigma^2$
Loi de Laplace de paramètre a	var $X = \frac{1}{a^2}$
Loi de Pearson à n degrés de de liberté	var $X = 2\,n$.

Il résulte de ce qui précède que, si X est une variable gaussienne,

$$Y = \frac{X - \mathbb{E}X}{\sqrt{\operatorname{var} X}}$$

est gaussienne réduite.

Problèmes

P 10

Démontrer, par récurrence sur n, la formule

$$1^3 + 2^3 + \cdots + n^3 = \frac{n^2(n+1)^2}{4}.$$

En déduire la variance de la variable aléatoire X définie dans 4.1 [P 1].

Solution

La formule est vraie pour 1. Supposons qu'elle soit vraie pour $n - 1$. On aura :

$$\begin{aligned} 1^3 + 2^3 + \cdots + n^3 &= \frac{(n-1)^2\, n^2}{4} + n^3 \\ &= \frac{n^2}{4}[(n-1)^2 + 4\,n] \\ &= \frac{n^2(n+1)^2}{4} \end{aligned}$$

et la formule est encore vraie pour n. D'où sa validité dans tous les cas.

On a

$$\begin{aligned} \mathbb{E}X^2 &= \sum_{1 \leqslant k \leqslant n} \frac{2\,k^3}{n(n+1)} = \frac{2}{n(n+1)} \sum_{1 \leqslant k \leqslant n} k^3 \\ &= \frac{n(n+1)}{2} \quad \text{et} \quad \operatorname{var} X = \mathbb{E}X^2 - (\mathbb{E}X)^2 \\ &= \left(\frac{n(n+1)}{2}\right) - \left(\frac{2\,n+1}{3}\right)^2 - \frac{n^2+n-2}{18}. \end{aligned}$$

P 11

Un nombre X est choisi au hasard (loi uniforme) dans l'ensemble $\{1, 2, \ldots, n\}$. Calculer var X. *(On utilisera l'égalité indiquée dans l'énoncé de* 3.1 [P 1].)

Réponse

$$\operatorname{var} X = \frac{n^2 - 1}{12}.$$

P 12

Soit X une variable aléatoire obéissant à la loi de Pearson à 20 degrés de liberté. Déterminez le plus petit nombre a que vous puissiez trouver tel que

$$P(|X - 20| \geqslant a) \leqslant 0{,}2.$$

1) *En utilisant la table des lois de Pearson.*
2) *En utilisant l'égalité de Bienaymé.*

Solution

1) On lit dans la table :

$$P(X \geqslant 28{,}41) = 0{,}1 \quad \text{et} \quad P(X \leqslant 12{,}44) = 0{,}1$$

d'où $P(12{,}44 < X < 28{,}41) = 0{,}8$ et, l'événement $(12{,}44 < X < 28{,}41)$ entraînant $(|X - 20| < 8{,}41)$, on en déduit :

$$(1) \qquad P(|X - 20| \geqslant 8{,}41) \leqslant 0{,}2.$$

2) On a

$$P(|X - \mathbb{E}X| \geqslant a) \leqslant \frac{\operatorname{var} X}{a^2}.$$

Comme var $X = 40$, on aura $\dfrac{\operatorname{var} X}{a^2} = 0{,}2$ pour $a = 14{,}14$, donc

$$(2) \qquad P(|X - 20| \geqslant 14{,}14) \leqslant 0{,}2.$$

On voit que l'inégalité (2) est beaucoup moins précise que (1). En fait, l'**inégalité de Bienaymé, valable pour toutes les lois, donne presque toujours un résultat moins précis que celui obtenu par le calcul direct ou la lecture des tables,** lesquels tiennent compte de la particularité de la loi en question.

P 13

Une variable X obéit à la loi gaussienne $\mathcal{N}(5, 4)$. Evaluer la probabilité

$$p = P(2{,}5 \leqslant X \leqslant 7{,}5).$$

1) *En utilisant les tables.*
2) *En utilisant l'égalité de Bienaymé.*

Réponses

La lecture des tables montre que p est pratiquement égal à 0,788.

L'égalité de Bienaymé montre seulement que p est supérieur à 0,36.

P 14

Un essai pouvant conduire à un succès ou à un échec, on fait n essais indépendants. On note p_i la probabilité d'un succès au i-ième essai et on note

$$\bar{p} = \frac{1}{n}(p_1 + \cdots + p_n).$$

Soit X le nombre des succès rencontrés au cours de ces n essais. Calculer $\mathbb{E}X$, var X et démontrer l'inégalité

$$P\left(\left|\frac{X}{n} - \bar{p}\right| \geqslant c^2\right) \leqslant \frac{1}{4\,nc^2}.$$

Solution

Soit l'événement A_i = (on a un succès au i-ième essai). On a $X = 1_{A_1} + \cdots + 1_{A_n}$, d'où $\mathbb{E}X = p_1 + \cdots + p_n$.
Comme les variables aléatoires $1_{A_1}, \ldots, 1_{A_n}$ sont indépendantes,

$$\operatorname{var} X = \sum_{1 \leqslant i \leqslant n} \operatorname{var} 1_{A_i} = \sum_{1 \leqslant i \leqslant n} p_i(1 - p_i)\,.$$

On a

$$\mathbb{E}\frac{X}{n} = \frac{1}{n}\mathbb{E}X = \bar{p} \quad \text{et} \quad \operatorname{var}\frac{X}{n} = \frac{1}{n^2}\operatorname{var} X\,.$$

Les inégalités $0 \leqslant p_i \leqslant 1$ entraînent $p_i(1 - p_i) \leqslant \frac{1}{4}$ (trinôme du second degré), d'où

$$\operatorname{var} X \leqslant \frac{n}{4} \quad \text{et} \quad \operatorname{var}\frac{X}{n} \leqslant \frac{1}{4\,n}\,.$$

L'inégalité de Bienaymé permet alors d'écrire :

$$P\left(\left|\frac{X}{n} - \bar{p}\right| \geqslant c^2\right) \leqslant \frac{\operatorname{var}\left(\frac{X}{n}\right)}{c^2} \leqslant \frac{1}{4\,nc^2}\,.$$

4.3. Covariance. Variance d'une somme

Etant données 2 variables aléatoires (numériques) X et Y définies sur la même catégorie d'épreuves, la **covariance** de X et de Y est le nombre, noté $\operatorname{cov}(X, Y)$, défini par :

$$\operatorname{cov}(X, Y) = \mathbb{E}[(X - \mathbb{E}X)(Y - \mathbb{E}Y)]\,.$$

Elle n'est pas toujours définie et ne dépend que de la loi $\mathcal{L}(X, Y)$. Elle est positive lorsque Y a tendance à varier dans le même sens que X et négative dans le cas contraire. On a :

$$\operatorname{cov}(X, Y) = \mathbb{E}(XY) - (\mathbb{E}X)(\mathbb{E}Y)$$
$$\operatorname{cov}(X, X) = \operatorname{var} X\,.$$

Si X et Y sont indépendantes, on a $\operatorname{cov}(X, Y) = 0$.

Remarque. — On peut avoir $\operatorname{cov}(X, Y) = 0$ sans que X et Y soient indépendantes.

Soient $X_1, Y_1, X_2, Y_2, \ldots, X_n, Y_n$ des variables aléatoires définies sur une même catégorie d'épreuves Ω. Désignons par Z_i l'application de Ω dans $\mathbb{R}^2$ qui fait correspondre $(X_i(\omega), Y_i(\omega))$ à l'élément $\omega \in \Omega$ et supposons $Z_1, \ldots, Z_n$ indépendantes (on dit alors que les couples

$$(X_1, Y_1), (X_2, Y_2), \ldots, (X_n, Y_n)$$

sont indépendants). En posant $X = X_1 + \cdots + X_n$ et $Y = Y_1 + \cdots + Y_n$, on a alors

$$\operatorname{cov}(X, Y) = \operatorname{cov}(X_1, Y_1) + \cdots + \operatorname{cov}(X_n, Y_n)\,.$$

4.3.1. Coefficient de corrélation

On appelle **coefficient de corrélation** du couple (X, Y) le nombre :

$$\rho(X, Y) = \frac{\operatorname{cov}(X, Y)}{\sqrt{\operatorname{var} X}\sqrt{\operatorname{var} Y}}\,.$$

On a toujours $-1 \leqslant \rho(X, Y) \leqslant 1$, l'égalité $|\rho(X, Y)| = 1$ ayant lieu si et seulement si il existe 2 nombres a et b tels que l'on ait presque sûrement

$$Y = aX + b\,.$$

4.3.2. Variance d'une somme

Si les variables aléatoires X et Y sont définies sur la même catégorie d'épreuves, on a :

$$\operatorname{var}(X + Y) = \operatorname{var} X + \operatorname{var} Y + 2\operatorname{cov}(X, Y)\,.$$

Plus généralement :

$$\operatorname{var}(X_1 + \cdots + X_n) = \sum_{1 \leqslant i \leqslant n} \operatorname{var} X_i + 2 \sum_{1 \leqslant i < j \leqslant n} \operatorname{cov}(X_i, X_j)$$

ce dernier symbole signifiant la somme des covariances obtenues en prenant tous les couples (i, j) tels que $1 \leqslant i < j \leqslant n$ $\left(\text{il y a } \frac{n(n-1)}{2} \text{ tels couples}\right)$.
Cette formule permet souvent de calculer $\operatorname{var} X$ en exprimant X comme une somme $X_1 + \cdots + X_n$ de variables aléatoires plus simples.

Problèmes

P 15 *Une variable aléatoire X peut prendre les valeurs -1, 0 et 1 avec les probabilités respectives $\frac{p}{2}$, $1 - p$ et $\frac{p}{2}$. Calculer la covariance de X et de X^2.*

Solution

$$\operatorname{cov}(X, X^2) = \mathbb{E}X^3 - (\mathbb{E}X)(\mathbb{E}X^2) = \mathbb{E}X^3 = 0\,.$$

P 16 *On reprend les données de* 1.3 P 24. *Un candidat étant choisi au hasard parmi les* 100, *on note X sa note d'Anglais et Y sa note d'Allemand. Calculer* $\operatorname{cov}(X, Y)$.

Solution

Ω étant l'ensemble formé par les 100 candidats, le tableau donné est celui des effectifs n_{ij} de l'événement ($X = i$ et $Y = j$). Donc ($X = i$) a pour effectif

$a_i = n_{i0} + n_{i1} + n_{i2}$ et $(Y = j)$ a pour effectif $b_j = n_{0j} + n_{1j} + n_{2j}$. On aura donc

$$\mathbb{E}X = \sum_{0 \leq i \leq 2} i\left(\frac{a_i}{100}\right) = \frac{1}{100}\sum_i ia_i .$$

De même

$$\mathbb{E}Y = \frac{1}{100}\sum_j jb_j \quad \text{et} \quad \mathbb{E}XY = \frac{1}{100}\sum_{i,j} ijn_{ij} .$$

On se sert du tableau :

$i \backslash j$	0	1	2	a_i
0	1	3	9	13
1	6	12	16	34
2	10	19	24	53
b_j	17	34	49	

d'où l'on déduit :

$$\mathbb{E}X = \frac{1}{100}(34 + 2 \times 53) = 1{,}4$$

$$\mathbb{E}Y = \frac{1}{100}(34 + 2 \times 49) = 1{,}32$$

$$\mathbb{E}XY = \frac{1}{100}(12 + 2 \times 19 + 2 \times 16 + 4 \times 24) = 1{,}78$$

et

$$\text{cov}(X, Y) = 1{,}78 - 1{,}4 \times 1{,}32 = -0{,}068 .$$

P 17 *On reprend les données de* 1.3 P 23. *Un élève étant choisi au hasard parmi les* 100, *on note X et Y ses notes au premier et au second examen.*

Calculer cov (X, Y). *Que concluez-vous du signe de la covariance ?*

Réponses

$$\text{cov}(X, Y) = 0{,}642 .$$

Cette covariance est > 0. Une bonne note au premier examen a donc tendance à entraîner une bonne note au second examen.

P 18 2 *variables aléatoires X et Y sont telles que :*

$$P(X = -10 \text{ et } Y = 10) = P(X = 10 \text{ et } Y = -10) = \frac{1}{2}p$$

$$P(X = -1 \text{ et } Y = -1) = P(X = 1 \text{ et } Y = 1) = \frac{1}{2}(1 - p) .$$

Calculer $P(XY > 0)$ *et* cov (X, Y). *Que remarque-t-on ?*

Réponses

$$P(XY > 0) = 1 - p$$

$$\text{cov}(X, Y) = 1 - 101\,p .$$

On peut donc avoir simultanément $P(XY > 0) > 0$ et cov $(X, Y) < 0$, ce qui peut sembler curieux car la première inégalité montre que X et Y ont tendance à avoir le même signe et la seconde que X et Y ont tendance à varier en sens contraires.

P 19 *A et B étant 2 événements aléatoires, calculer* cov $(1_A, 1_B)$. *Que signifie l'égalité* cov $(1_A, 1_B) = 0$? *Que signifie l'égalité* $\rho(1_A, 1_B) = 0$?

Solution

On a

$$\text{cov}(1_A, 1_B) = \mathbb{E}1_A 1_B - \mathbb{E}1_A . \mathbb{E}1_B$$
$$= P(A \cap B) - P(A)\,P(B) .$$

L'égalité cov $(1_A, 1_B) = 0$ signifie donc que A et B sont indépendantes.

Cherchons dans quel cas on a $\rho(1_A, 1_B) = 1$.

Excluons le cas où l'un des événements A ou B est presque certain ou presque impossible, car alors $\rho(1_A, 1_B)$ prend la forme $\frac{0}{0}$, c.-à-d. n'est pas défini. $\rho(1_A, 1_B) = 1$ signifie que l'on a presque sûrement $1_B = a1_A + b$ avec $a \geq 0$. On a nécessairement $b = 0$. Supposons en effet qu'il n'en soit pas ainsi.

Pour $\omega \in A^c$, on a presque sûrement $1_B(\omega) = b$, donc $b = 1$. Mais, pour $\omega \in A$, on a presque sûrement $1_B(\omega) = a + 1$, ce qui entraîne $a = 0$ et 1_B est presque sûrement égal à 1, ce que l'on a exclu. On a donc $b = 0$ et $1_B = a1_A$. Il en résulte que a est égal à 0 ou à 1. Il ne peut être 0, sans cela on aurait $P(B) = 0$. Donc $a = 1$ et $\rho(1_A, 1_B) = 1$ équivaut à $1_A = 1_B$ presque sûrement, ce qui revient à dire que l'événement $A \triangle B = (A \cap B^c) + (A^c \cap B)$ a une probabilité nulle.

P 20 *Un dé équilibré est lancé n fois de suite. On note X le nombre de lancés ayant amené le* 1 *et Y le nombre de lancés ayant amené le* 2. *Calculer* cov (X, Y). *Pouvait-on prévoir son signe ?*

Solution

Soient les événements

$$A_i = (\text{le } i\text{-ième lancé amène le } 1)$$
$$B_i = (\text{le } i\text{-ième lancé amène le } 2) .$$

On a $X = 1_{A_1} + \cdots + 1_{A_n}$ et $Y = 1_{B_1} + \cdots + 1_{B_n}$. Comme les couples $(1_{A_1}, 1_{B_1}), \ldots, (1_{A_n}, 1_{B_n})$ sont indépendants (ils sont déterminés par des lancés indépendants), on a :

$$\begin{aligned}\operatorname{cov}(X, Y) &= \operatorname{cov}(1_{A_1}, 1_{B_1}) + \cdots + \operatorname{cov}(1_{A_n}, 1_{B_n}) \\ &= n \operatorname{cov}(1_{A_1}, 1_{B_1}).\end{aligned}$$

Or

$$\begin{aligned}\operatorname{cov}(1_{A_1}, 1_{B_1}) &= P(A_1 \cap B_1) - P(A_1) P(B_1) \\ &= 0 - \frac{1}{6} \times \frac{1}{6} = -\frac{1}{36}.\end{aligned}$$

On a donc $\operatorname{cov}(X, Y) = -\frac{n}{36}$. On pouvait prévoir que cette covariance serait négative. En effet, si X est grand, beaucoup de lancés ont amené le 1, ce qui diminue les chances du 2, et Y a tendance à être petit.

P 21 *Un dé équilibré est lancé n fois de suite. On note X le nombre des lancés ayant amené un nombre pair et Y le nombre des lancés ayant amené un nombre premier. Calculer*

$$\operatorname{cov}(X, Y).$$

Réponse

$$\operatorname{cov}(X, Y) = -\frac{n}{12}.$$

P 22 *Soit X une variable aléatoire obéissant à une loi hypergéométrique. En représentant X comme une somme de variables aléatoires indicatrices, calculer son espérance et sa variance.*

Solution

Soit la loi hypergéométrique définie par les égalités

$$P(X = k) = \frac{\binom{a}{k}\binom{b}{n-k}}{\binom{a+b}{n}}.$$

Rappelons qu'elle peut être obtenue ainsi : une urne E contient a boules blanches et b noires. On en tire exhaustivement n boules et X est le nombre de boules blanches tirées. Numérotons les boules blanches de 1 à a et notons les événements

$$A_i = (\text{la } i\text{-ième boule blanche est tirée}).$$

On a

$$X = 1_{A_1} + \cdots + 1_{A_a} \quad \text{et} \quad \mathbb{E}X = P(A_1) + \cdots + P(A_a).$$

Mais toutes les boules blanches ayant la même chance d'être tirées,

$$P(A_1) = \cdots = P(A_a) = \frac{n}{a+b} \quad \text{et} \quad \mathbb{E}X = \frac{na}{a+b}.$$

On a, de manière analogue :

$$\operatorname{var} X = \sum_{1 \leqslant i \leqslant a} \operatorname{var} 1_{A_i} + 2 \sum_{1 \leqslant i < j \leqslant a} \operatorname{cov}(1_{A_i}, 1_{A_j}).$$

Or

$$\begin{aligned}\operatorname{var} 1_{A_i} &= P(A_i)[1 - P(A_i)] = \frac{n}{a+b}\left(1 - \frac{n}{a+b}\right) \\ &= \frac{n(a+b-n)}{(a+b)^2}\end{aligned}$$

et

$$\operatorname{cov}(1_{A_i}, 1_{A_j}) = P(A_i \cap A_j) - P(A_i) P(A_j).$$

Mais

$$P(A_i \cap A_j) = P(A_i) P(A_j \mid A_i) = \frac{n}{a+b} \times \frac{n-1}{a+b-1}$$

et

$$\operatorname{cov}(1_{A_i}, 1_{A_j}) = \frac{n(n-1)}{(a+b)(a+b-1)} - \frac{n^2}{(a+b)^2}.$$

D'autre part, les couples (i, j) tels que $1 \leqslant i < j \leqslant a$ sont au nombre de

$$(a-1) + (a-2) + \cdots + 1 = \frac{a(a-1)}{2}$$

d'où

$$\begin{aligned}\operatorname{var} X = &\frac{an(a+b-n)}{(a+b)^2} \\ &- a(a-1)\left[\frac{n(n-1)}{(a+b)(a+b-1)} - \frac{n^2}{(a+b)^2}\right].\end{aligned}$$

P 23 *Avant d'aller à une réunion, n personnes, numérotées de 1 à n, laissent leurs chapeaux au vestiaire. Un gamin malicieux s'amuse à retirer les numéros des chapeaux et à les replacer au hasard. Les personnes sortant de la réunion reçoivent donc n'importe quel chapeau.*

Soit X le nombre aléatoire des personnes qui reçoivent leur propre chapeau. En représentant X comme une somme de variables aléatoires indicatrices, calculer son espérance et sa variance.

Solution

Soit l'événement E_i = (la personne i retrouve son chapeau). On a $X = 1_{E_1} + \cdots + 1_{E_n}$. Or

$$\mathbb{E}X_i = P(E_i) = \frac{1}{n}$$

(chaque chapeau a la probabilité $\frac{1}{n}$ d'être attribué à la i-ième personne)

$$\operatorname{var} 1_{E_i} = P(E_i)[1 - P(E_i)] = \frac{n-1}{n^2}.$$

Pour $i \neq j$:

$$P(E_i \cap E_j) = P(E_i)\, P(E_j \mid E_i) = \frac{1}{n} \cdot \frac{1}{n-1}$$

(si la i-ième personne reçoit son chapeau, parmi les $n-1$ chapeaux qui restent, la j-ième personne a la probabilité $\frac{1}{n-1}$ de recevoir le sien).

Donc

$$\operatorname{cov}(1_{E_i}, 1_{E_j}) = \mathbb{E}(1_{E_i} 1_{E_j}) - \mathbb{E}1_{E_i} . \mathbb{E}1_{E_j}$$
$$= \frac{1}{n(n-1)} - \frac{1}{n^2} = \frac{1}{n^2(n-1)} .$$

(Son signe est, évidemment, positif car, si la i-ième personne retrouve son chapeau, cela augmente les chances qu'a la j-ième de retrouver le sien.) On a finalement :

$$\mathbb{E}X = P(E_1) + \cdots + P(E_n) = nP(E_1) = 1$$

$$\operatorname{var} X = \sum_{1 \leqslant i \leqslant n} \operatorname{var} 1_{E_i} + 2 \sum_{1 \leqslant i < j \leqslant n} \operatorname{cov}(1_{E_i}, 1_{E_j})$$
$$= n \operatorname{var} 1_{E_1} + n(n-1) \operatorname{cov}(1_{E_1}, 1_{E_2})$$
$$= \frac{n-1}{n} + \frac{1}{n} = 1 .$$

5. Lois des grands nombres

5.1. Loi forte des grands nombres

Une suite $(x_n)_{1 \leqslant n}$ de nombres $x_1, x_2, \ldots, x_n, \ldots$ est dite **tendre** (ou **converger**) vers le nombre x si x_n devient très proche de x lorsque n devient très grand.

De façon précise, cela signifie qu'à tout nombre $\varepsilon > 0$, aussi petit qu'on le veut, on peut associer un entier N tel que :

$$n \geqslant N \text{ entraîne } |x_n - x| \leqslant \varepsilon .$$

La suite est dite *tendre vers* $+\infty$ lorsque x_n devient très grand en même temps que n, c.-à-d. si, à tout nombre A, aussi grand qu'on le veut, on peut associer un entier N tel que

$$n \geqslant N \text{ entraîne } x_n \geqslant A .$$

Ceci posé, considérons une suite de variables aléatoires indépendantes $X_1, X_2, \ldots, X_n, \ldots$ obéissant toutes à une même loi d'espérance mathématique μ. **La loi forte des grands nombres** affirme alors, qu'avec une probabilité égale à 1, la suite de variables aléatoires $Y_1, \ldots, Y_n$ définies par

$$Y_n = \frac{X_1 + \cdots + X_n}{n}$$

tend vers μ. Dans la pratique, cela signifie que, lorsque n est grand, la variable aléatoire Y_n prend, en général, une valeur proche de μ.

En particulier, considérons une alternative (Succès, Echec) indéfiniment répétée (avec des tirages indépendants). La fréquence Y_n des succès au cours des n premiers tirages tend presque sûrement vers P(Succès) lorsque n augmente indéfiniment.

Problèmes

P 1

Un couple décide d'arrêter les naissances de ses enfants au premier garçon ou, à défaut, à un nombre maximum d'enfants t. On admet qu'à chaque naissance la probabilité d'un garçon est p et que les sexes des différents enfants sont des « événements » indépendants.

1) *On note X le nombre des garçons de la famille et Y le nombre des filles. Calculer* $\mathbb{E}X$ *et* $\mathbb{E}Y$.

2) *On considère une population composée d'un très grand nombre n de familles dont les parents ont un comportement semblable à celui du couple décrit. Parmi tous les enfants de cette population, que peut-on dire de la proportion des garçons ?*

Cette proportion serait-elle modifiée si, dans cette population, chaque couple était indifférent au sexe de ses enfants et décidait d'avoir t enfants sans tenir compte de leurs sexes ?

Solution

1) Posons $q = 1 - p$. On a $X = 0$ ou 1 avec $P(X = 0) = q^t$ (probabilité d'avoir t fois de suite une fille). Donc $P(X = 1) - 1 - q^t$ et $\mathbb{E}X = 1 - q^t$.

Pour calculer $\mathbb{E}Y$, procédons ainsi : Soient les événements $A_i =$ (il y a un i-ième enfant qui est une fille) pour $1 \leqslant i \leqslant t$. On a $P(A_i) = q^i$ et l'égalité $Y = 1_{A_1} + \cdots + 1_{A_t}$ donne

$$\mathbb{E}Y = \mathbb{E}1_{A_1} + \cdots + \mathbb{E}1_{A_t} = q + q^2 + \cdots + q^t = q\frac{1 - q^t}{1 - q}.$$

2) Numérons les familles de 1 à n et, pour $1 \leqslant i \leqslant n$, notons X_i et Y_i les nombres des garçons et des filles de la famille i. Comme $X_1, \ldots, X_n$ sont des variables aléatoires indépendantes de même loi, la loi forte des grands nombres montre que, puisque n est très grand, $\dfrac{X_1 + \cdots + X_n}{n}$ est un nombre en général proche de $\mathbb{E}X_1 = 1 - q^t$. Soit $Z_i = X_i + Y_i$ le nombre d'enfants de la i-ième famille. La loi forte des grands nombres montre encore que $\dfrac{Z_1 + \cdots + Z_n}{n}$ est un nombre en général proche de $\mathbb{E}Z_1 = \mathbb{E}X_1 + \mathbb{E}Y_1 = \dfrac{1 - q^t}{1 - q}$. La proportion du nombre des garçons par rapport au nombre total des enfants $\dfrac{X_1 + \cdots + X_n}{Z_1 + \cdots + Z_n}$, est donc proche de $\dfrac{\mathbb{E}X_1}{\mathbb{E}Z_1} = 1 - q = p$. Cette proportion serait la même si chaque couple était indifférent au sexe de ses enfants : Alternative nt fois répétée avec chaque fois la probabilité p d'avoir un garçon. La loi forte des grands nombres conduit alors à une fréquence du nombre des garçons égale à p.

P 2

L'intervalle $[\![0,1]\!]$ *étant muni de la loi uniforme, on tire au sort un nombre* ω *dont on donne le développement décimal*

$$\omega = 0, X_1 X_2 \ldots X_n \ldots$$

Pour n donné, indiquer la loi de la variable aléatoire X_n (n-ième décimale de ω).
Comparer les lois $\mathcal{L}(X_1, \ldots, X_n)$ et

$$\mathcal{L}(X_1) \otimes \cdots \otimes \mathcal{L}(X_n) .$$

Qu'en résulte-t-il pour la suite des variables aléatoires $X_1, X_2, \ldots, X_n, \ldots$?

Que peut-on dire de $\frac{X_1 + \cdots + X_n}{n}$ lorsque n tend vers l'infini ?

Un nombre ω de $[\![0,1]\!]$ est dit **normal** *s'il remplit la condition suivante : Pour tout $i = 0, 1, 2, \ldots, 9$, la proportion des chiffres i que l'on trouve dans les n premiers chiffres du développement décimal de ω tend vers $\frac{1}{10}$ lorsque n tend vers l'infini.*

Ceci posé, quelle est la probabilité pour que le nombre ω (tiré au sort comme il a été dit) soit normal ?

Solution

Soit $0 \leqslant i \leqslant 9$. On a

$$(X_n = i) = \sum_{0 \leqslant x \leqslant 10^{n-1}} A_x$$

où A_x est l'intervalle (événement)

$$\left[\!\!\left[\frac{10x + i}{10^n}, \frac{10x + i + 1}{10^n}\right[\!\!\right[.$$

Or $P(A_x) = \frac{1}{10^n}$ et, comme les A_x sont au nombre de 10^{n-1}, on a

$$P(X_n = i) = \frac{10^{n-1}}{10^n} = \frac{1}{10} .$$

La loi de X_n est donc la loi uniforme sur $\{0, 1, \ldots, 9\}$.

Pour déterminer $\mathcal{L}(X_1, \ldots, X_n)$, donnons-nous une suite de nombres $(x_1, \ldots, x_n)$ compris entre 0 et 9. On a

$$P(X_1 = x_1 \text{ et } \ldots \text{ et } X_n = x_n) =$$
$$P(0, x_1 \ldots x_n \leqslant \omega < 0, x_1 \ldots x_{n-1}(x_n + 1))$$
$$= \frac{1}{10^n} = P(X_1 = x_1)\, P(X_2 = x_2) \ldots P(X_n = x_n).$$

On a donc l'égalité

$$\mathcal{L}(X_1, \ldots, X_n) = \mathcal{L}(X_1) \otimes \cdots \otimes \mathcal{L}(X_n) ,$$

d'où l'on conclut que $X_1, \ldots, X_n, \ldots$ sont indépendantes. Comme elles ont toutes la même loi, la loi forte des grands nombres montre que, lorsque n tend vers l'infini, $\frac{X_1 + \cdots + X_n}{n}$ tend presque sûrement vers

$$\mathbb{E}X_1 = \frac{1}{10}(0 + 1 + \cdots + 9) = 4{,}5 .$$

Soit $0 \leqslant i \leqslant 9$. Les variables aléatoires $Y_n = 1_{(X_n = i)}$ sont indépendantes de même loi. $\frac{Y_1 + \cdots + Y_n}{n}$ est la proportion des chiffres i que l'on trouve dans les n premiers chiffres du développement décimal de ω.

La loi forte des grands nombres nous dit qu'avec la probabilité 1, cette proportion tend vers

$$\mathbb{E}Y_1 = P(X_1 = i) = \frac{1}{10} .$$

L'événement E_i = (la proportion des chiffres i tend vers $\frac{1}{10}$) a donc la probabilité 1. Il en résulte que $E = E_0 \cap E_1 \cap \cdots \cap E_9$ a aussi pour probabilité 1. Mais $\omega \in E$ signifie que ω est normal. La probabilité pour que ω soit normal est donc 1.

5.2. Théorème de la limite centrale

Soit une suite $X_1, \ldots, X_n, \ldots$ de variables aléatoires définies sur une même catégorie d'épreuves. Soient $S_n = X_1 + \cdots + X_n$ et la variable aléatoire réduite (c.-à-d. d'espérance 0 et de variance 1)

$$Z_n = \frac{S_n - \mathbb{E}S_n}{\sqrt{\operatorname{var} S_n}} .$$

Le théorème de la limite centrale indique des cas où la loi de Z_n se rapproche de plus en plus de la loi gaussienne réduite. Indiquons-en 2 énoncés :

5.2.1. 1er ÉNONCÉ

On suppose que $X_1, \ldots, X_n, \ldots$ soient indépendantes et obéissent à une même loi d'espérance mathématique μ et d'écart-type σ non nul. Lorsque n devient de plus en plus grand, la loi de Z_n se rapproche alors de plus en plus de la loi gaussienne réduite.

5.2.2. 2e ÉNONCÉ

On suppose que $X_1, \ldots, X_n, \ldots$ soient indépendantes, appartiennent chacune à un intervalle dont la longueur L ne dépend pas de n (sa position peut en dépendre) et que la suite $(\operatorname{var} S_n)_n$ des variances tend vers $+\infty$. Lorsque n devient de plus en plus grand, la loi de Z_n se rapproche alors de plus en plus de la loi gaussienne réduite.

Remarque. — Ces énoncés manquent de précision puisque nous n'avons pas dit ce que signifie l'expression « se rapproche de plus en plus de la loi gaussienne réduite » et il n'est pas possible de le faire dans le cadre de cet ouvrage. En pratique, cela veut dire que, lorsque n est grand, on peut considérer que Z_n obéit à la loi gaussienne réduite, ou encore que S_n est une variable gaussienne. On en déduit en particulier que, lorsqu'une variable aléatoire est somme d'un grand nombre de petites variables aléatoires indépendantes, elle est pratiquement gaussienne, et c'est le cas de beaucoup de variables aléatoires intervenant dans des phénomènes naturels.

Problèmes

P 3

Une urne contient 3 boules numérotées 1, 2 et 3. On fait une suite de $n = 100$ tirages non exhaustifs et indépendants et on note X_i le numéro de la boule tirée lors du i-ième tirage. Soit $S = X_1 + \cdots + X_{100}$. Indiquer le plus petit nombre s que vous puissiez trouver tel que

$$P(200 - s \leqslant S \leqslant 200 + s) \geqslant \frac{9}{10}.$$

1) *au moyen de l'inégalité de Bienaymé*

2) *grâce au théorème de la limite centrale.*

Solution

1) On a $\mathbb{E}X_1 = 2$ et

$$\text{var } X_1 = \mathbb{E}X_1^2 - (\mathbb{E}X_1)^2 = 4{,}666 - 4 = 0{,}666,$$

donc $\mathbb{E}S = 200$ et var $S = 66{,}6$.

Le problème revient à trouver le plus petit s tel que

$$P(|S - \mathbb{E}S| > s) \leqslant 0{,}1.$$

L'inégalité de Bienaymé montre que ceci est réalisé dès que

$$\frac{\text{var } S}{s^2} \leqslant 0{,}1 \quad \text{ou} \quad s \geqslant \sqrt{666} = 25{,}8.$$

2) n étant relativement grand, le théorème de la limite centrale nous permet de considérer que S est pratiquement une variable gaussienne, ou encore que

$$\frac{S - \mathbb{E}S}{\sqrt{\text{var } S}} = \frac{S - 200}{\sqrt{66{,}6}} = T$$

est gaussienne réduite.

L'événement $(|S - \mathbb{E}S| > s)$ s'écrit encore

$$\left(|T| > \frac{s}{\sqrt{66{,}6}}\right).$$

On lit sur la table I

$$P(|T| > 1{,}644\,9) = 0{,}1.$$

On peut donc prendre

$$s = 1{,}644\,9 \times \sqrt{66{,}6} = 15{,}6.$$

P 4

Soit une variable aléatoire X obéissant à la loi de Pearson à 100 degrés de liberté. Evaluer la probabilité

$$p = P(80 \leqslant X \leqslant 120)$$

grâce à l'inégalité de Bienaymé, puis grâce au théorème de la limite centrale.

Réponses

L'inégalité de Bienaymé permet d'écrire $p \geqslant 0{,}5$.

Le théorème de la limite centrale permet d'écrire $p \cong 0{,}842$.

P 5

Dans un certain endroit, les rayons cosmiques arrivent selon un processus de Poisson, l'intervalle de temps entre les arrivées de 2 rayons successifs obéissant à la loi de Laplace de paramètre 1. On enregistre les rayons cosmiques à partir d'un instant 0.

1) *A quelle loi obéit la date d'arrivée T du 100ᵉ rayon cosmique ? Evaluer $P(80 < T < 130)$ au moyen de l'inégalité de Bienaymé, puis du théorème de la limite centrale.*

2) *Trouver le plus petit nombre t tel qu'il y ait une probabilité $\geqslant 0{,}9$ pour que 100 rayons au moins soient arrivés durant $[\![0, t]\!]$.*

3) *Soit N le nombre aléatoire de rayons cosmiques arrivés durant $[\![0, 100]\!]$. Trouver le plus grand entier m tel que l'on ait $P(N \geqslant m) \geqslant 0{,}9$, puis le plus petit entier n tel que l'on ait $P(N \leqslant n) \geqslant 0{,}9$.*

Solution

1) $2T$ obéit à la loi de Pearson à 200 degrés de liberté. On a $\mathbb{E}T = 100$ et var $T = 100$. D'où

$$P(80 < T < 130) \geqslant P(80 < T < 120) =$$
$$P(|T - \mathbb{E}T| \leqslant 20) \geqslant 1 - \frac{\text{var } T}{20^2} = \frac{3}{4}.$$

L'inégalité de Bienaymé permet donc d'écrire

$$P(80 < T < 130) \geqslant \frac{3}{4}.$$

Comme $2T$ est la somme de 200 variables indépendantes de même loi, le théorème de la limite centrale permet de considérer que T est gaussienne et

$$U = \frac{T - 100}{10}$$

gaussienne réduite. On a donc

$$P(80 < T < 130) = P(-2 < U < 3) =$$
$$= P(U < 3) - P(U > 2) = 0{,}977.$$

2) La question posée revient à trouver le plus petit nombre t tel que $P(T < t) \geqslant 0{,}9$ ou encore

$$P\left(U < \frac{t - 100}{10}\right) \geqslant 0{,}9.$$

Comme on lit sur la table $P(U < 1{,}281\,6) = 0{,}9$, on voit que ce plus petit nombre t vérifie

$$\frac{t - 100}{10} = 1{,}281\,6 \quad \text{ou} \quad t \cong 112{,}82.$$

3) Soit T_k la date d'arrivée du k-ième rayon cosmique. Il faut trouver le plus grand entier m tel que $P(T_m \leqslant 100) \geqslant 0{,}9$ ou

$$P\left(\frac{T_m - m}{\sqrt{m}} \leqslant \frac{100 - m}{\sqrt{m}}\right) \geqslant 0{,}9 .$$

Comme m est, sans doute, assez grand, le théorème de la limite centrale nous permet de considérer

$$Y = \frac{T_m - m}{\sqrt{m}}$$

comme gaussienne réduite. Comme on a

$$P(Y \leqslant 1{,}281\,6) = 0{,}9 ,$$

on doit avoir

$$\frac{100 - m}{\sqrt{m}} \geqslant 1{,}281\,6 \quad \text{ou} \quad m + 1{,}281\,6\sqrt{m} \geqslant 100 .$$

Le plus grand entier m qui vérifie cette inégalité est 87.

Il faut ensuite trouver le plus petit entier n tel que

$$P(T_{n+1} > 100) \geqslant 0{,}9$$

ou

$$P\left(\frac{T_{n+1} - (n+1)}{\sqrt{n+1}} > \frac{100 - (n+1)}{\sqrt{n+1}}\right) \geqslant 0{,}9 .$$

Considérons

$$Z = \frac{T_{n+1} - (n+1)}{\sqrt{n+1}}$$

comme gaussienne réduite. Comme on a

$$P(Z > -\,1{,}281\,6) = 0{,}9 ,$$

on doit donc avoir

$$\frac{100 - (n+1)}{\sqrt{n+1}} \leqslant -\,1{,}281\,6$$

ou

$$100 \leqslant n + 1 - 1{,}281\,6\sqrt{n+1} .$$

Le plus petit entier n qui vérifie cette inégalité est 113.

5.3. Lois approchées

5.3.1. Approximation de la loi binomiale par la loi de Gauss

Si une variable aléatoire X obéit à la loi binomiale $\mathcal{B}i\,(n, p)$, le produit $np(1-p)$ étant grand, la variable aléatoire $\dfrac{X - np}{\sqrt{np(1-p)}}$ obéit à une loi proche de la loi gaussienne réduite.

5.3.2. Approximation de la loi binomiale par la loi de Poisson

Si une variable aléatoire X obéit à la loi binomiale $\mathcal{B}i\,(n, p)$, le nombre n étant grand et la probabilité p étant petite, X obéit à une loi proche de la loi de Poisson de paramètre np.

5.3.3. Approximation de la loi de Poisson par la loi de Gauss

Si une variable aléatoire X obéit à la loi de Poisson $\mathcal{P}o\,(\lambda)$, λ étant grand, $\dfrac{X - \lambda}{\sqrt{\lambda}}$ obéit à une loi proche de la loi gaussienne réduite.

5.3.4. Approximation de la loi hypergéométrique par la loi binomiale

Une urne contient r boules dont a sont blanches. X est le nombre des boules blanches tirées au cours d'un tirage exhaustif de n boules. Lorsque n est petit devant a et $r - a$, la loi hypergéométrique à laquelle obéit X est proche de la loi binomiale $\mathcal{B}i\left(n, \dfrac{a}{r}\right)$

Problèmes

P 6 *Un restaurateur a été chargé de préparer un repas pour 1 200 personnes, ce repas devant comporter 2 types de menus A et B. Une longue expérience a montré à ce restaurateur que, devant un tel choix, une personne sur 3 choisit le menu A. Le restaurateur prévoit a menus A et b menus B.*

1) *Quelle valeur minimum doit-il donner à a s'il veut qu'il y ait une probabilité* $\leqslant 0{,}1$ *pour que les menus A soient en nombre insuffisant. Même question pour les menus B.*

2) *En supposant que a et b aient ces valeurs minimum, quelle est la probabilité pour que le restaurateur ne puisse pas satisfaire les demandes de tous les clients ?*

Quelles valeurs peut-il donner à a et b s'il veut que cette dernière éventualité ait une probabilité $\leqslant 0{,}1$?

Solution

1) Le nombre X des personnes qui choisiront le menu A obéit à $\mathcal{B}i\left(1\,200\,;\dfrac{1}{3}\right)$. On demande quel est le plus petit a tel que $P(X > a) \leqslant 0{,}1$. Pour le calculer, on considère X comme gaussienne. On a :

$$\mathbb{E}X = 1\,200 \times \frac{1}{3} = 400$$

et

$$\operatorname{var} X = 1\,200 \times \frac{1}{3} \times \left(1 - \frac{1}{3}\right) = 266{,}6 .$$

Donc X a pour écart-type $\sqrt{266{,}6} = 16{,}33$ et on considère $T = \dfrac{X - 400}{16{,}33}$ comme gaussienne réduite.

On cherche donc le plus petit entier a tel que

$$P\left(T > \frac{a - 400}{16{,}33}\right) \leqslant 0{,}1 .$$

Or $P(T > 1{,}281\,6) = 0{,}1$. Il faut et il suffit donc que $\frac{a - 400}{16{,}33} \geqslant 1{,}281\,6$ ou $a \geqslant 420{,}94$. La valeur minimum à donner à l'entier a est 421.

Le même calcul montre que b doit satisfaire à $\frac{b - 800}{16{,}33} \geqslant 1{,}281\,6$. La valeur minimum à donner à b est 821.

2) On suppose donc $a = 421$ et $b = 821$. Dire que le restaurateur ne peut pas satisfaire toutes les demandes revient à dire que se réalise l'événement $A = (X > a) + (Y > b)$ en notant Y le nombre $1\,200 - X$ qui demandent le menu B. La probabilité demandée

$$P(A) = P(X > a) + P(Y > b) \cong 0{,}1 + 0{,}1$$

est pratiquement 0,2.

Si on veut $P(A) \leqslant 0{,}1$, il suffit de prendre a et b assez grands pour que l'on ait à la fois

$$P(X > a) \leqslant 0{,}5 \text{ et } P(Y > b) \leqslant 0{,}5,$$

c'est-à-dire

$$\frac{a - 400}{16{,}33} \geqslant 1{,}644\,9 \quad \text{et} \quad \frac{b - 800}{16{,}33} \geqslant 1{,}644\,9 .$$

Le restaurateur peut donc prendre $a = 427$ et $b = 827$.

P 7

Pour mener en excursion les membres d'un congrès de 1 000 personnes, on met à leur disposition 2 trains de confort identique. Chaque membre du congrès peut monter indifféremment dans l'un de ces 2 trains. Quel nombre minimum de sièges devra comporter l'un de ces trains pour que ce nombre ait une probabilité $\frac{1}{5}$ *d'être insuffisant ? Même question avec la probabilité* $\frac{1}{1\,000}$.

Réponses

Avec la probabilité $\frac{1}{5}$, il faut 514 sièges. Avec la probabilité $\frac{1}{1\,000}$, il en faut 550.

P 8

On admet qu'au cours d'une naissance la probabilité d'un garçon est $p = 0{,}514$. *A partir de quelle valeur de n y a-t-il une probabilité inférieure à 1 % pour que, sur n naissances prises au hasard, le nombre de filles soit supérieur ou égal au nombre des garçons ?*

Solution

Soit X le nombre des garçons sur n naissances. On demande à partir de quelle valeur de n on a $P\left(X > \frac{n}{2}\right) \geqslant 0{,}99$. Comme X obéit à la loi binomiale $\mathcal{B}i\,(n, p)$, on peut considérer, n étant sans doute grand, que X obéit pratiquement à une loi de Gauss, c'est-à-dire que

$$T = \frac{X - np}{\sqrt{npq}} \quad (\text{où } q = 1 - p)$$

est gaussienne réduite. On aura $X > \frac{n}{2}$ pour

$$T > \frac{(0{,}5 - p)\sqrt{n}}{\sqrt{pq}}.$$

On a

$$P(T > -\,2{,}326\,3) = 0{,}99 \text{ et } P\left(X > \frac{n}{2}\right) \geqslant 0{,}99$$

équivaut à

$$\frac{(0{,}5 - p)\sqrt{n}}{\sqrt{pq}} < -\,2{,}326\,3$$

c.-à-d.

$$\frac{(p - 0{,}5)\sqrt{n}}{\sqrt{pq}} > 2{,}326\,3$$

ou

$$n > 2{,}326\,3^2 \frac{pq}{(p - 0{,}5)^2},$$

c-à-d. $n \geqslant 6\,896$, compte tenu de $p = 0{,}514$ et $q = 0{,}486$.

P 9

1) *Une compagnie d'assurance assure n personnes contre un même risque de probabilité p. On admet que les risques des divers assurés sont indépendants. Dans le cas où un assuré est sinistré, la compagnie lui verse une somme M. La prime que paie l'assuré à la compagnie est* $M(p+a)$. *En considérant n comme grand, déterminer quelle doit être la valeur de a en fonction de n et de p pour que la compagnie ait une probabilité* $\varepsilon = \frac{1}{1\,000}$ *de perdre de l'argent sur cette opération.*

A quelle loi obéit alors le bénéfice (algébrique) aléatoire de la compagnie ?

Les assurés ont-ils avantage à être nombreux ?

2) *a étant calculé comme il a été dit au 1) pour une certaine valeur de n, on suppose qu'en fait la compagnie assure x personnes avec* $x > n$.

Comment varie, en fonction de x, sa probabilité de perte ?

En admettant comme négligeable un événement de probabilité $\leqslant \varepsilon = \frac{1}{1\,000}$, *calculer, en fonction de x, une limite inférieure du bénéfice réalisé par la compagnie. En donner une expression approchée lorsque x devient très grand vis-à-vis de n.*

Solution

1) Le nombre X des assurés sinistrés obéit à $\mathcal{B}i\,(n, p)$. Comme n est grand, on considère X comme gaussienne d'espérance np et de variance npq (avec $q = 1 - p$). Le bénéfice algébrique de la compagnie est $Y = nM(p + a) - MX$. C'est donc une variable gaussienne d'espérance

$$\mathbb{E}Y = nM(p + a) - M\mathbb{E}X = nMa$$

et de variance $\operatorname{var} Y = M^2 \operatorname{var} X = M^2 npq$. La variable aléatoire

$$T = \frac{Y - nMa}{M\sqrt{npq}}$$

est donc gaussienne réduite.

a est déterminé par $P(Y < 0) = \varepsilon$ ou

$$P\left(T < \frac{-na}{\sqrt{npq}}\right) = \varepsilon = 0{,}001 .$$

L'égalité $P(T < 3{,}090\,2) = 0{,}001$ montre que, pour qu'il en soit ainsi, il faut et il suffit que l'on ait

$$\frac{-na}{\sqrt{npq}} = -3{,}090\,2 \quad \text{ou} \quad a = 3{,}09\sqrt{\frac{pq}{n}} .$$

Plus n sera grand, plus petit sera a et, par suite, les assurés ont avantage à être nombreux.

Comme on l'a dit plus haut, le bénéfice de la compagnie est une variable gaussienne d'espérance

$$nMa = 3{,}09\sqrt{npq}\,M$$

et de variance $npqM^2$.

2) Le nombre X' des assurés sinistrés obéit maintenant à la loi binomiale $\mathcal{B}i\,(x, p)$, c.-à-d. pratiquement à la loi gaussienne d'espérance xp et de variance xpq. Le bénéfice de la compagnie est la variable gaussienne $Y' = xM(p + a) - MX'$ d'espérance xMa et de variance $M^2 xpq$. La compagnie est en perte si $Y' < 0$ ou si la variable gaussienne réduite

$$T' = \frac{Y' - xMa}{M\sqrt{xpq}}$$

est inférieure à

$$\frac{-xa}{\sqrt{xpq}} = -a\sqrt{\frac{x}{pq}} = t' .$$

Lorsque x augmente, t' diminue et $P(T' < t')$ diminue. La probabilité de perte diminue donc lorsque le nombre x des abonnés augmente.

Considérer comme négligeable un événement de probabilité $\leqslant \frac{1}{1\,000}$ conduit à considérer que la variable gaussienne réduite T' ne peut pratiquement pas prendre une valeur inférieure à

$$-3{,}090\,2 = -a\sqrt{\frac{n}{pq}}$$

et que, par suite, on a pratiquement toujours

$$\frac{Y' - xMa}{M\sqrt{xpq}} \geqslant -a\sqrt{\frac{n}{pq}} \quad \text{ou} \quad Y' \geqslant xaM\left(1 - \sqrt{\frac{n}{x}}\right).$$

Le bénéfice inférieur demandé est donc

$$xaM\left(1 - \sqrt{\frac{n}{x}}\right).$$

Si x est grand vis-à-vis de n, il est équivalent à xaM, c.-à-d. proportionnel au nombre des assurés.

P 10 *Sachant que, lors d'une naissance, la probabilité d'avoir des triplets est* $\frac{1}{10\,000}$, *quelle est la probabilité p d'avoir au moins* 4 *naissances avec triplets sur* 10 000 *naissances et la probabilité p' de ne pas avoir de triplets sur* 20 000 *naissances ?*

Solution

Le nombre X de naissances avec triplets sur n naissances obéit à $\mathcal{B}i\left(n, \frac{1}{10\,000}\right)$. Pour $n = 10\,000$, elle se confond pratiquement avec la loi de Poisson de paramètre 1 et

$$p = P(X \geqslant 4) = 1 - P(X \leqslant 3) = 1 - 0{,}981\,0 ,$$

soit $p = 0{,}019\,0$.

Pour $n = 20\,000$, elle se confond pratiquement avec la loi de Poisson de paramètre 2 et

$$p' = P(X = 0) = 0{,}135\,3 .$$

P 11 *Durant la semaine qui suit le suicide d'une grande vedette de cinéma,* 12 *suicides ont lieu dans une grande cité, alors qu'on en constate une moyenne de* 8 *en temps normal. A-t-on raison d'attribuer cette recrudescence à l'exemple de la vedette ? En supposant qu'un événement de probabilité* $\leqslant 0{,}01$ *vous semble tout à fait improbable, à partir de combien de suicides dans la semaine en attribuerez-vous la cause à l'exemple de la vedette ?*

Solution

La difficulté de ce problème consiste dans son interprétation. Il s'agit d'en trouver un modèle mathématique qui permette de le ramener à un problème de Calcul des Probabilités. On peut raisonner ainsi :

Considérons le nombre des habitants de la grande cité comme à peu près constant, c.-à-d. que son rapport d'une semaine à l'autre est très proche de 1. Soit n ce nombre, très grand. Considérons que chaque habitant a la même probabilité p, extrêmement faible, de se suicider et que les suicides n'influent pas les uns sur les autres. Le nombre X des suicides en une semaine obéira alors à $\mathcal{B}i\,(n, p)$ que l'on pourra assimiler à la loi de Poisson de paramètre $\lambda = np$. S'il n'y a pas d'épidémie de suicides, on peut donc penser que X obéit à une loi de Poisson de paramètre $\lambda = \mathbb{E}X = 8$.

Comme il y a 12 suicides, ce nombre semble nettement supérieur à la moyenne, c.à.d. que l'on peut penser que l'événement $A = (X \geqslant 12)$ est très improbable au cas où il n'y a pas contagion.

Mais en fait une variable de Poisson X de paramètre 8 a la probabilité $1 - P(X \leqslant 11) = 0{,}119$ de se produire. Cette probabilité est assez importante et l'événement $(X \geqslant 12)$ peut très bien se produire sans faire appel à l'exemple de la vedette.

Si un événement de probabilité $\leqslant 0{,}01$ semble tout à fait improbable en temps normal, il faudra en attribuer la cause à l'exemple de la vedette. Si x est tel que $P(X \geqslant x) \leqslant 0{,}01$ lorsque X obéit à $\mathcal{P}o\,(8)$, on croira à l'exemple de la vedette.

L'inégalité précédente équivaut à

$$P(X \leqslant x - 1) \geqslant 0{,}99$$

et elle est vérifiée dès que $x - 1 = 15$.

C'est donc à partir de 16 suicides qu'il faudra en attribuer la cause à l'exemple de la vedette.

P 12 *Dans une société, les employés d'un bâtiment A ont souvent besoin d'appeler au téléphone un bâtiment B. Le bâtiment A a 300 employés et on constate qu'aux heures d'affluence chacun d'entre eux veut téléphoner en moyenne 3 minutes par heure au bâtiment B.*

Quel nombre minimum k_0 de lignes téléphoniques faut-il établir entre A et B pour qu'un employé de A qui désire téléphoner à une heure d'affluence ait une probabilité $\leqslant 2{,}5\,\%$ de ne pas avoir immédiatement une ligne à sa disposition. (Note : On fera l'approximation de Poisson, puis l'approximation de Gauss.)

Solution

Supposons qu'il y ait k lignes téléphoniques installées entre A et B et soit X le nombre des employés de A qui désirent téléphoner à B à un instant donné d'une heure d'affluence. k_0 est le plus petit nombre k tel que $P(k < X) \leqslant 0{,}025$.

On peut (en tout à fait première approximation !) considérer la situation comme une alternative répétée $n = 300$ fois, chaque employé ayant la probabilité $p = \frac{3}{60} = \frac{1}{20}$ de vouloir téléphoner à B à l'instant considéré. Donc X obéit à $\mathcal{B}i\left(300\,;\,\frac{1}{20}\right)$, c.-à-d. pratiquement à la loi de Poisson de paramètre 15. Le plus petit k tel que l'on ait $P(X \leqslant k) \geqslant 0{,}975$ est 23. On a donc $k_0 = 23$.

Dans l'approximation gaussienne, on considère que X obéit à la loi de Gauss d'espérance $300 \times \frac{1}{20} = 15$ et de variance

$$300 \times \frac{1}{20} \times \frac{19}{20} = 14{,}25\,,$$

c.-à-d. que

$$T = \frac{X - 15}{\sqrt{14{,}25}}$$

est gaussienne réduite. k_0 est le plus petit entier k tel que

$$P\left(T > \frac{k - 15}{\sqrt{14{,}25}}\right) \leqslant 0{,}025$$

et, comme $P(T > 1{,}96) = 0{,}025$, on voit que k_0 est le plus petit entier k tel que

$$\frac{k - 15}{\sqrt{14{,}25}} > 1{,}96 \quad \text{ou} \quad k > 15 + 1{,}96\sqrt{14{,}25}\,.$$

On trouve encore $k_0 = 23$.

P 13 *Reprendre les questions* 2) *et* 3) *de* 5.2 P 5 *en faisant l'approximation de la loi de Poisson par la loi de Gauss.*

Solution

2) Le nombre N_t des rayons cosmiques arrivant durant $[\![0, t]\!]$ obéit à la loi de Poisson de paramètre t. Lorsque t est grand, on peut l'assimiler à une variable gaussienne et considérer que

$$T = \frac{N_t - t}{\sqrt{t}}$$

obéit à la loi gaussienne réduite.

Dans le 2) on demande de déterminer le plus petit t tel que

$$P(N_t \geqslant 100) \geqslant 0{,}9 \quad \text{ou} \quad P\left(T \geqslant \frac{100 - t}{\sqrt{t}}\right) \geqslant 0{,}9\,.$$

L'égalité $P(T \geqslant -1{,}281\,6) = 0{,}9$ montre que t est solution de l'équation

$$\frac{100 - t}{\sqrt{t}} = -1{,}281\,6 \quad \text{ou} \quad t = 100 + 1{,}281\,6\sqrt{t}\,.$$

C'est une équation du 2e degré en $\sqrt{t}$ qui a pour solution $\sqrt{t} = 10{,}67$ ou $t = 113{,}84$. Ce nombre est un peu supérieur à 112,82 trouvé dans 5.2 P 5 par une autre méthode approchée.

3) Soit $N = N_{100}$. Pour $t = 100$, la variable aléatoire

$$T = \frac{N - 100}{10}$$

est pratiquement gaussienne réduite. m est le plus grand entier tel que l'on ait

$$P(N \geqslant m) \geqslant 0{,}9 \quad \text{ou} \quad P\left(T \geqslant \frac{m-100}{10}\right) \geqslant 0{,}9 .$$

L'égalité $P(T \geqslant -1{,}281\,6) = 0{,}9$ montre que m est le plus grand entier tel que l'on ait

$$\frac{m-100}{10} \leqslant -1{,}281\,6 \quad \text{ou} \quad m \leqslant 100 - 12{,}816 .$$

On a donc $m = 87$.

Quant à n, c'est le plus petit entier tel que l'on ait :

$$P(N \leqslant n) \geqslant 0{,}9 \quad \text{ou} \quad P\left(T \leqslant \frac{n-100}{10}\right) \geqslant 0{,}9 .$$

L'égalité $P(T \leqslant 1{,}281\,6) = 0{,}9$ montre que n est le plus petit entier tel que

$$\frac{n-100}{10} \geqslant 1{,}281\,6 \quad \text{ou} \quad n \geqslant 100 + 12{,}816 .$$

On a donc $n = 113$.

Les nombres m et n sont les mêmes que ceux trouvés dans 5.2 [P 5] par une autre méthode approchée.

P 14 *10 000 électeurs d'une cité sont amenés à choisir entre 2 candidats A et B. Deux jours avant le reste, on fait un sondage consistant à interroger s électeurs distincts sur leur intention de vote. On fait les suppositions suivantes : Tout électeur votera soit pour A, soit pour B, et son intention ne changera pas dans les 2 jours qui précèdent le vote. En outre tout électeur interrogé exprime sans mensonge son intention de vote.*

1) *On annonce la victoire de celui des 2 candidats qui a pour lui le plus grand nombre d'intentions de vote. Quelles sont les probabilités de se tromper dans le cas où A a 51 % des suffrages et où s prend les valeurs s = 50, s = 100 et s = 200 ?*

Mêmes questions lorsque A a 55 % des suffrages.

2) *Sur les 20 premiers électeurs interrogés, 15 avouent leur préférence pour A. Est-ce la peine de poursuivre le sondage ?*

Solution

1) Soit p la proportion des électeurs décidés à choisir le candidat A. Le nombre X des intentions de vote favorables à A sur un lot de s obéit à la loi hypergéométrique. Mais comme s est faible devant le nombre des électeurs, on est dans le cas où X obéit pratiquement à $\mathcal{B}i\,(s, p)$.

D'autre part, comme s est relativement grand, on peut faire l'approximation gaussienne et considérer

$$T = \frac{X - sp}{\sqrt{sp(1-p)}}$$

comme gaussienne réduite.

Supposons $p > 0{,}5$ (c.-à-d. A gagnant). La probabilité de se tromper est $P(X < 0{,}5\,s)$, c.-à-d.

$$P\left(T < \sqrt{s}\,\frac{0{,}5-p}{\sqrt{p(1-p)}}\right) = P\left(T > \sqrt{s}\,\frac{p-0{,}5}{\sqrt{p(1-p)}}\right).$$

Pour $p = 0{,}51$, on a

$$\frac{p-0{,}5}{\sqrt{p(1-p)}} \cong 0{,}02 ,$$

d'où les probabilités de se tromper :

pour $s = 50$

$$P(T > \sqrt{50} \times 0{,}02) = 0{,}444 .$$

pour $s = 100$

$$P(T > \sqrt{100} \times 0{,}02) = 0{,}421$$

pour $s = 200$

$$P(T > \sqrt{200} \times 0{,}02) = 0{,}389 .$$

Avec $p = 0{,}55$, on a $\dfrac{p-0{,}5}{\sqrt{p(1-p)}} = 0{,}100\,5$ et les probabilités de se tromper :

pour $s = 50$

$$P(T > \sqrt{50} \times 0{,}1) = 0{,}242$$

pour $s = 100$

$$P(T > \sqrt{100} \times 0{,}1) = 0{,}159$$

pour $s = 200$

$$P(T > \sqrt{200} \times 0{,}1) = 0{,}079 .$$

2) Supposons que, sur les 20 premiers électeurs interrogés, 15 avouent leur préférence pour A. On est tenté d'annoncer A gagnant. Examinons les risques d'erreur. c.-à-d., en supposant que l'on se trompe $\left(p \leqslant \frac{1}{2}\right)$, quelle est la probabilité de trouver au moins 15 partisans de A parmi les 20 premiers électeurs interrogés. Cette probabilité sera maximum pour $p = \frac{1}{2}$. Calculons-la dans ce cas. En supposant $p = \frac{1}{2}$, le nombre des partisans de A parmi les 20 premiers électeurs interrogés est un nombre X qui obéit pratiquement à $\mathcal{B}i\left(20\,;\frac{1}{2}\right)$. Quoique 20 ne soit pas très grand, faisons l'approximation gaussienne pour simplifier les calculs. Nous considérons que

$$T = \frac{X - 10}{\sqrt{20 \times 0{,}5 \times 0{,}5}}$$

est gaussienne réduite. Donc :

$$P(X \geqslant 15) = P\left(T \geqslant \frac{5}{\sqrt{15}}\right) = 0{,}013 .$$

Cette probabilité est faible. Si nous considérons qu'un événement de probabilité $\leqslant 0{,}013$ n'arrive pratiquement pas, nous voyons qu'il est raisonnable d'annoncer A vainqueur sans poursuivre le sondage.

Tables statistiques (1)

Table I. — **Loi Gaussienne réduite**

X étant une variable gaussienne réduite, la table I donne les valeurs de *u* en fonction de $P = P(X \geqslant u)$ et de $Q = P(X \leqslant u)$. La valeur de *u* se trouve à l'intersection de la ligne et de la colonne dont les chiffres d'entrée ont pour somme *P*. C'est ainsi que, pour $P = 0{,}155 = 0{,}15 + 0{,}005$, on a $u = 1{,}015\,2$. De manière analogue, pour $Q = 0{,}844 = 0{,}84 + 0{,}004$, on a $u = 1{,}011\,0$.

P	0,000	0,001	0,002	0,003	0,004	0,005	0,006	0,007	0,008	0,009	0,010	
0,00	∞	3,0902	2,8782	2,7478	2,6521	2,5758	2,5121	2,4573	2,4089	2,3656	2,3263	0,99
0,01	2,3263	2,2904	2,2571	2,2262	2,1973	2,1701	2,1444	2,1201	2,0969	2,0749	2,0537	0,98
0,02	2,0537	2,0335	2,0141	1,9954	1,9774	1,9600	1,9431	1,9268	1,9110	1,8957	1,8808	0,97
0,03	1,8808	1,8663	1,8522	1,8384	1,8250	1,8119	1,7991	1,7866	1,7744	1,7624	1,7507	0,96
0,04	1,7507	1,7392	1,7279	1,7169	1,7060	1,6954	1,6849	1,6747	1,6646	1,6546	1,6449	0,95
0,05	1,6449	1,6352	1,6258	1,6164	1,6072	1,5982	1,5893	1,5805	1,5718	1,5632	1,5548	0,94
0,06	1,5548	1,5464	1,5382	1,5301	1,5220	1,5141	1,5063	1,4985	1,4909	1,4833	1,4758	0,93
0,07	1,4758	1,4684	1,4611	1,4538	1,4466	1,4395	1,4325	1,4255	1,4187	1,4118	1,4051	0,92
0,08	1,4051	1,3984	1,3917	1,3852	1,3787	1,3722	1,3658	1,3595	1,3532	1,3469	1,3408	0,91
0,09	1,3408	1,3346	1,3285	1,3225	1,3165	1,3106	1,3047	1,2988	1,2930	1,2873	1,2816	0,90
0,10	1,2816	1,2759	1,2702	1,2646	1,2591	1,2536	1,2481	1,2426	1,2372	1,2319	1,2265	0,89
0,11	1,2265	1,2212	1,2160	1,2107	1,2055	1,2004	1,1952	1,1901	1,1850	1,1800	1,1750	0,88
0,12	1,1750	1,1700	1,1650	1,1601	1,1552	1,1503	1,1455	1,1407	1,1359	1,1311	1,1264	0,87
0,13	1,1264	1,1217	1,1170	1,1123	1,1077	1,1031	1,0985	1,0939	1,0893	1,0848	1,0803	0,86
0,14	1,0803	1,0758	1,0714	1,0669	1,0625	1,0581	1,0537	1,0494	1,0450	1,0407	1,0364	0,85
0,15	1,0364	1,0322	1,0279	1,0237	1,0194	1,0152	1,0110	1,0069	1,0027	0,9986	0,9945	0,84
0,16	0,9945	0,9904	0,9863	0,9822	0,9782	0,9741	0,9701	0,9661	0,9621	0,9581	0,9542	0,83
0,17	0,9542	0,9502	0,9463	0,9424	0,9385	0,9346	0,9307	0,9269	0,9230	0,9192	0,9154	0,82
0,18	0,9154	0,9116	0,9078	0,9040	0,9002	0,8965	0,8927	0,8890	0,8853	0,8816	0,8779	0,81
0,19	0,8779	0,8742	0,8705	0,8669	0,8633	0,8596	0,8560	0,8524	0,8488	0,8452	0,8416	0,80
0,20	0,8416	0,8381	0,8345	0,8310	0,8274	0,8239	0,8204	0,8169	0,8134	0,8099	0,8064	0,79
0,21	0,8064	0,8030	0,7995	0,7961	0,7926	0,7892	0,7858	0,7824	0,7790	0,7756	0,7722	0,78
0,22	0,7722	0,7688	0,7655	0,7621	0,7588	0,7554	0,7521	0,7488	0,7454	0,7421	0,7388	0,77
0,23	0,7388	0,7356	0,7323	0,7290	0,7257	0,7225	0,7192	0,7160	0,7128	0,7095	0,7063	0,76
0,24	0,7063	0,7031	0,6999	0,6967	0,6935	0,6903	0,6871	0,6840	0,6808	0,6776	0,6745	0,75
0,25	0,6745	0,6713	0,6682	0,6651	0,6620	0,6588	0,6557	0,6526	0,6495	0,6464	0,6433	0,74
0,26	0,6433	0,6403	0,6372	0,6341	0,6311	0,6280	0,6250	0,6219	0,6189	0,6158	0,6128	0,73
0,27	0,6128	0,6098	0,6068	0,6038	0,6008	0,5978	0,5948	0,5918	0,5888	0,5858	0,5828	0,72
0,28	0,5828	0,5799	0,5769	0,5740	0,5710	0,5681	0,5651	0,5622	0,5592	0,5563	0,5534	0,71
0,29	0,5534	0,5505	0,5476	0,5446	0,5417	0,5388	0,5359	0,5330	0,5302	0,5273	0,5244	0,70
0,30	0,5244	0,5215	0,5187	0,5158	0,5129	0,5101	0,5072	0,5044	0,5015	0,4987	0,4959	0,69
0,31	0,4959	0,4930	0,4902	0,4874	0,4845	0,4817	0,4789	0,4761	0,4733	0,4705	0,4677	0,68
0,32	0,4677	0,4649	0,4621	0,4593	0,4565	0,4538	0,4510	0,4482	0,4454	0,4427	0,4399	0,67
0,33	0,4399	0,4372	0,4344	0,4316	0,4289	0,4261	0,4234	0,4207	0,4179	0,4152	0,4125	0,66
0,34	0,4125	0,4097	0,4070	0,4043	0,4016	0,3989	0,3961	0,3934	0,3907	0,3880	0,3853	0,65
0,35	0,3853	0,3826	0,3799	0,3772	0,3745	0,3719	0,3692	0,3665	0,3638	0,3611	0,3585	0,64
0,36	0,3585	0,3558	0,3531	0,3505	0,3478	0,3451	0,3425	0,3398	0,3372	0,3345	0,3319	0,63
0,37	0,3319	0,3292	0,3266	0,3239	0,3213	0,3186	0,3160	0,3134	0,3107	0,3081	0,3055	0,62
0,38	0,3055	0,3029	0,3002	0,2976	0,2950	0,2924	0,2898	0,2871	0,2845	0,2819	0,2793	0,61
0,39	0,2793	0,2767	0,2741	0,2715	0,2689	0,2663	0,2637	0,2611	0,2585	0,2559	0,2533	0,60
0,40	0,2533	0,2508	0,2482	0,2456	0,2430	0,2404	0,2378	0,2353	0,2327	0,2301	0,2275	0,59
0,41	0,2275	0,2250	0,2224	0,2198	0,2173	0,2147	0,2121	0,2096	0,2070	0,2045	0,2019	0,58
0,42	0,2019	0,1993	0,1968	0,1942	0,1917	0,1891	0,1866	0,1840	0,1815	0,1789	0,1764	0,57
0,43	0,1764	0,1738	0,1713	0,1687	0,1662	0,1637	0,1611	0,1586	0,1560	0,1535	0,1510	0,56
0,44	0,1510	0,1484	0,1459	0,1434	0,1408	0,1383	0,1358	0,1332	0,1307	0,1282	0,1257	0,55
0,45	0,1257	0,1231	0,1206	0,1181	0,1156	0,1130	0,1105	0,1080	0,1055	0,1030	0,1004	0,54
0,46	0,1004	0,0979	0,0954	0,0929	0,0904	0,0878	0,0853	0,0828	0,0803	0,0778	0,0753	0,53
0,47	0,0753	0,0728	0,0702	0,0677	0,0652	0,0627	0,0602	0,0577	0,0552	0,0527	0,0502	0,52
0,48	0,0502	0,0476	0,0451	0,0426	0,0401	0,0376	0,0351	0,0326	0,0301	0,0276	0,0251	0,51
0,49	0,0251	0,0226	0,0201	0,0175	0,0150	0,0125	0,0100	0,0075	0,0050	0,0025	0,0000	0,50
	0,010	0,009	0,008	0,007	0,006	0,005	0,004	0,003	0,002	0,001	0,000	Q

Grandes valeurs de u

P	10^{-4}	10^{-5}	10^{-6}	10^{-7}	10^{-8}	10^{-9}
u	3,7190	4,2649	4,7534	5,1993	5,6120	5,9978

(1) Les tables sont extraites de l'ouvrage **Tables Statistiques** publié par l'Institut de Statistique de l'Université de Paris.

Table II. — **Lois de Poisson**

X étant une variable de Poisson de paramètre m, c'est-à-dire telle que l'on ait $\mathbb{E}X = m$, la table III donne les valeurs de la fonction $F(x) = P(X \leqslant x)$. C'est ainsi que, lorsque X est une variable de Poisson de paramètre $m = 0{,}8$, on a $P(X \leqslant 3) = 0{,}990\,9$.

x	$F(x)$								
	m = 0,1	m = 0,2	m = 0,3	m = 0,4	m = 0,5	m = 0,6	m = 0,7	m = 0,8	m = 0,9
0	0,9048	0,8187	0,7408	0,6703	0,6065	0,5488	0,4966	0,4493	0,4066
1	0,9953	0,9825	0,9631	0,9384	0,9098	0,8781	0,8442	0,8088	0,7725
2	0,9998	0,9988	0,9964	0,9920	0,9856	0,9769	0,9659	0,9526	0,9372
3	1	0,9999	0,9997	0,9992	0,9982	0,9966	0,9942	0,9909	0,9866
4		1	1	0,9999	0,9998	0,9996	0,9992	0,9986	0,9977
5				1	1	1	0,9999	0,9998	0,9997
6							1	1	1

x	$F(x)$								
	m = 1,0	m = 1,5	m = 2,0	m = 2,5	m = 3,0	m = 3,5	m = 4,0	m = 4,5	m = 5,0
0	0,3679	0,2231	0,1353	0,0821	0,0498	0,0302	0,0183	0,0111	0,0067
1	0,7358	0,5578	0,4060	0,2873	0,1991	0,1359	0,0916	0,0611	0,0404
2	0,9197	0,8088	0,6767	0,5438	0,4232	0,3208	0,2381	0,1736	0,1247
3	0,9810	0,9344	0,8571	0,7576	0,6472	0,5366	0,4335	0,3423	0,2650
4	0,9963	0,9814	0,9473	0,8912	0,8153	0,7254	0,6288	0,5321	0,4405
5	0,9994	0,9955	0,9834	0,9579	0,9161	0,8576	0,7851	0,7029	0,6160
6	0,9999	0,9991	0,9955	0,9858	0,9665	0,9347	0,8893	0,8311	0,7622
7	1	0,9998	0,9989	0,9958	0,9881	0,9733	0,9489	0,9134	0,8666
8		1	0,9998	0,9989	0,9962	0,9901	0,9786	0,9597	0,9319
9			1	0,9997	0,9989	0,9967	0,9919	0,9829	0,9682
10				0,9999	0,9997	0,9990	0,9972	0,9933	0,9863
11				1	0,9999	0,9997	0,9991	0,9976	0,9945
12					1	0,9999	0,9997	0,9992	0,9980
13						1	0,9999	0,9997	0,9993
14							1	0,9999	0,9998
15								1	0,9999
16									1

Table II (*suite*). — **Lois de Poisson**

x	$F(x)$								
	m = 5,5	m = 6,0	m = 6,5	m = 7,0	m = 7,5	m = 8,0	m = 8,5	m = 9,0	m = 9,5
0	0,0041	0,0025	0,0015	0,0009	0,0006	0,0003	0,0002	0,0001	0,0001
1	0,0266	0,0174	0,0113	0,0073	0,0047	0,0030	0,0019	0,0012	0,0008
2	0,0884	0,0620	0,0430	0,0296	0,0203	0,0138	0,0093	0,0062	0,0042
3	0,2017	0,1512	0,1118	0,0818	0,0591	0,0424	0,0301	0,0212	0,0149
4	0,3575	0,2851	0,2237	0,1730	0,1321	0,0996	0,0746	0,0550	0,0403
5	0,5289	0,4457	0,3690	0,3007	0,2414	0,1912	0,1496	0,1157	0,0885
6	0,6860	0,6063	0,5265	0,4497	0,3782	0,3134	0,2562	0,2068	0,1649
7	0,8095	0,7440	0,6728	0,5987	0,5246	0,4530	0,3856	0,3239	0,2687
8	0,9044	0,8472	0,7916	0,7291	0,6620	0,5925	0,5231	0,4557	0,3918
9	0,9462	0,9161	0,8774	0,8305	0,7764	0,7166	0,6530	0,5874	0,5218
10	0,9747	0,9574	0,9332	0,9015	0,8622	0,8159	0,7634	0,7060	0,6453
11	0,9890	0,9799	0,9661	0,9466	0,9208	0,8881	0,8487	0,8030	0,7520
12	0,9955	0,9912	0,9840	0,9730	0,9573	0,9362	0,9091	0,8758	0,8364
13	0,9983	0,9964	0,9929	0,9872	0,9784	0,9658	0,9486	0,9261	0,8981
14	0,9994	0,9986	0,9970	0,9943	0,9897	0,9827	0,9726	0,9585	0,9400
15	0,9998	0,9995	0,9988	0,9976	0,9954	0,9918	0,9862	0,9780	0,9665
16	0,9999	0,9998	0,9996	0,9990	0,9980	0,9963	0,9934	0,9889	0,9823
17	1	1	0,9998	0,9996	0,9992	0,9984	0,9970	0,9947	0,9911
18			1	0,9999	0,9997	0,9993	9,9987	0,9976	0,9957
19				1	0,9999	0,9997	0,9995	0,9989	0,9980
20					1	0,9999	0,9998	0,9996	0,9991
21						1	0,9999	0,9998	0,9996
22							1	0,9999	0,9998
23								1	0,9999
24									1

Table II (suite). — **Lois de Poisson**

x	F(x)								
	m = 10	m = 11	m = 12	m = 13	m = 14	m = 15	m = 16	m = 17	m = 18
0									
1	0,0005	0,0002	0,0001						
2	0,0028	0,0012	0,0005	0,0002	0,0001				
3	0,0104	0,0049	0,0023	0,0010	0,0005	0,0002	0,0001		
4	0,0293	0,0151	0,0076	0,0037	0,0018	0,0009	0,0004	0,0002	0,0001
5	0,0671	0,0375	0,0203	0,0107	0,0055	0,0028	0,0014	0,0007	0,0003
6	0,1302	0,0786	0,0458	0,0259	0,0142	0,0076	0,0040	0,0021	0,0010
7	0,2203	0,1432	0,0895	0,0540	0,0316	0,0180	0,0100	0,0054	0,0029
8	0,3329	0,2320	0,1550	0,0997	0,0620	0,0374	0,0220	0,0126	0,0071
9	0,4580	0,3405	0,2424	0,1658	0,1093	0,0698	0,0433	0,0261	0,0154
10	0,5831	0,4599	0,3472	0,2517	0,1756	0,1184	0,0774	0,0491	0,0304
11	0,6968	0,5793	0,4616	0,3532	0,2600	0,1847	0,1270	0,0847	0,0549
12	0,7916	0,6887	0,5760	0,4631	0,3584	0,2676	0,1931	0,1350	0,0917
13	0,8645	0,7813	0,6816	0,5730	0,4644	0,3622	0,2745	0,2009	0,1426
14	0,9166	0,8541	0,7721	0,6751	0,5704	0,4656	0,3675	0,2808	0,2081
15	0,9513	0,9075	0,8445	0,7636	0,6693	0,5680	0,4667	0,3714	0,2867
16	0,9730	0,9442	0,8988	0,8355	0,7559	0,6640	0,5659	0,4677	0,3750
17	0,9857	0,9679	0,9371	0,8905	0,8272	0,7487	0,6593	0,5440	0,4686
18	0,9928	0,9824	0,9626	0,9302	0,8826	0,8193	0,7423	0,6550	0,5622
19	0,9965	0,9908	0,9787	0,9574	0,9235	0,8751	0,8122	0,7363	0,6509
20	0,9984	0,9954	0,9884	0,9751	0,9521	0,9169	0,8681	0,8055	0,7307
21	0,9993	0,9978	0,9939	0,9860	0,9712	0,9468	0,9107	0,8615	0,7991
22	0,9997	0,9990	0,9969	0,9925	0,9833	0,9672	0,9617	0,9048	0,8551
23	0,9999	0,9996	0,9985	0,9962	0,9907	0,9805	0,9633	0,9367	0,8989
24	1	0,9999	0,9993	0,9982	0,9950	0,9888	0,9777	0,9593	0,9313
25		1	0,9997	0,9992	0,9974	0,9938	0,9869	0,9748	0,9554
26			0,9999	0,9997	0,9987	0,9967	0,9926	0,9848	0,9718
27			1	0,9999	0,9994	0,9983	0,9960	0,9912	0,9827
28				1	0,9997	0,9992	0,9979	0,9950	0,9897
29					0,9999	0,9996	0,9989	0,9973	0,9941
30					1	0,9998	0,9995	0,9986	0,9967
31						0,9999	0,9998	0,9993	0,9982
32						1	0,9999	0,9996	0,9990
33							1	0,9998	0,9995
34								0,9999	0,9998
35								1	0,9999
36									1

Table III. — **Lois de Pearson**

X étant une variable de Pearson à ν degrés de liberté, la table IV indique la valeur du nombre χ^2 qui vérifie $P(X \geqslant \chi^2) = P$. C'est ainsi que, si X est une variable de Pearson à 11 degrés de liberté, on a $P(X \geqslant 19{,}67) = 0{,}05$.

ν \ P	0,990	0,975	0,950	0,900	0,100	0,050	0,025	0,010	0,001
1	0,0002	0,0010	0,0039	0,0158	2,71	3,84	5,02	6,63	10,83
2	0,02	0,05	0,10	0,21	4,61	5,99	7,38	9,21	13,82
3	0,12	0,22	0,35	0,58	6,25	7,81	9,35	11,34	16,27
4	0,30	0,48	0,71	1,06	7,78	9,49	11,14	13,28	18,47
5	0,55	0,83	1,15	1,61	9,24	11,07	12,83	15,09	20,52
6	0,87	1,24	1,64	2,20	10,64	12,59	14,45	16,81	22,46
7	1,24	1,69	2,17	2,83	12,02	14,07	16,01	18,47	24,32
8	1,65	2,18	2,73	3,49	13,36	15,51	17,53	20,09	26,13
9	2,09	2,70	3,33	4,17	14,68	16,92	19,02	21,67	27,88
10	2,56	3,25	3,94	4,87	15,99	18,31	20,48	23,21	29,59
11	3,05	3,82	4,57	5,58	17,27	19,67	21,92	24,72	31,26
12	3,57	4,40	5,23	6,30	18,55	21,03	23,34	26,22	32,91
13	4,11	5,01	5,89	7,04	19,81	22,36	24,74	27,69	34,53
14	4,66	5,63	6,57	7,79	21,06	23,68	26,12	29,14	36,12
15	5,23	6,26	7,26	8,55	22,31	25,00	27,49	30,58	37,70
16	5,81	6,91	7,96	9,31	23,54	26,30	28,84	32,00	39,25
17	6,41	7,56	8,67	10,08	24,77	27,59	30,19	33,41	40,79
18	7,01	8,23	9,39	10,86	25,99	28,87	31,53	34,80	42,31
19	7,63	8,91	10,12	11,65	27,20	30,14	32,85	36,19	43,82
20	8,26	9,59	10,85	12,44	28,41	31,41	34,17	37,57	45,32
21	8,90	10,28	11,59	13,24	29,61	32,67	35,48	38,93	46,80
22	9,54	10,98	12,34	14,04	30,81	33,92	36,78	40,29	48,27
23	10,20	11,69	13,09	14,85	32,01	35,17	38,08	41,64	49,73
24	10,86	12,40	13,85	15,66	33,20	36,41	39,37	42,98	51,18
25	11,52	13,12	14,61	16,47	34,38	37,65	40,65	44,31	52,62
26	12,20	13,84	15,38	17,29	35,56	38,88	41,92	45,64	54,05
27	12,88	14,57	16,15	18,11	36,74	40,11	43,19	46,96	55,48
28	13,57	15,31	16,93	18,94	37,92	41,34	44,46	48,28	56,89
29	14,26	16,05	17,71	19,77	39,09	42,56	45,72	49,59	58,30
30	14,95	16,79	18,49	20,60	40,26	43,77	46,98	50,89	59,70

INDEX ALPHABÉTIQUE

130,00

MASSON Éditeur
120, bd St-Germain
75280 Paris Cedex 06
Dépôt légal : Janvier 1993

JOUVE
18, rue Saint-Denis
75001 PARIS
Dépôt légal : Décembre 1992
N° 206654D